U0012927

牠們的情愛

LOVE AND SEX

IN THE ANIMAL KINGDOM

動物的求偶心計與生殖攻防

王大可——著

流蘇鷸

流蘇鷸是一種特別的水禽，雄性演化出三種形態：黑色凶狠的「地主階級」，白色順從的「流浪漢」，以及外形酷似雌性的「偽裝者」。

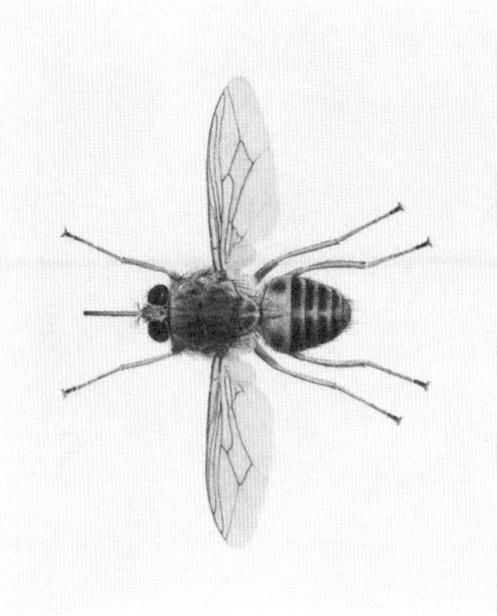

刺舌蠅

刺舌蠅是一種浪漫而持久的生物，牠們的平均交配時長為七十七分鐘。

原雞

原雞是家養雞的祖先，群體中的每隻雞都有自己的社會等級，從原雞的一生可以窺見性選擇的殘酷。

藍孔雀

獲得交配機會的雄性藍孔雀一邊交歡，一邊引吭高歌時，方圓幾公里都可欣賞到這刺耳的叫聲。按常理說，交配之時是動物一生中最危險的時刻之一，容易被捕食，必須謹慎、謹慎再謹慎。雌孔雀對於這種男子氣概十分佩服，循聲而來主動獻身。

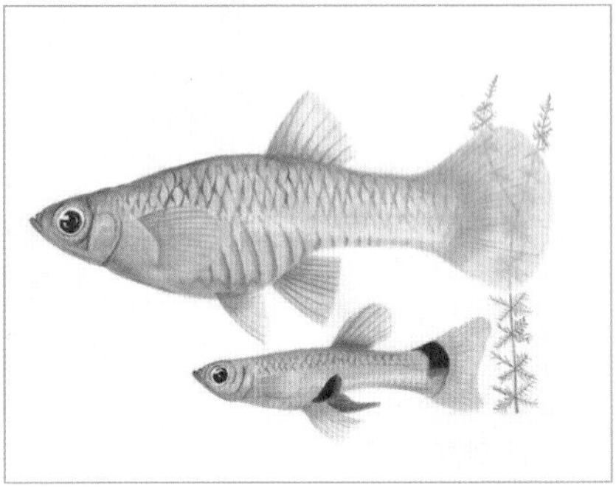

孔雀魚

雌性孔雀魚偏愛肚皮鮮豔的雄性，雌性會透過延長交配時間讓這類雄性傳遞更多精子。

雄西方松雞

雄西方松雞求偶的時候心無旁騖，豎起全身的羽毛，奮力拍打雙翅，旋轉跳躍閉著眼，舞蹈不完跳動不止。獵人可以輕而易舉地射殺，甚至徒手擒獲牠們。美是危險的根源，愛是死亡的伴侶。

瘤船蛸

雌性瘤船蛸住在外殼裡，體長可達到三十公分，雄性沒有殼，體長不到三公分，雄性瘤船蛸只能放飛自己的「丁丁（陰莖）」進行交配。

非洲地松鼠

非洲地松鼠因其誇張的自慰行為獲取了科學界的廣泛關注。雄性擁有與體長不成比例的大「丁丁」，以至於牠們端坐在地上時，雙手扶穩，低頭就可以咬到。

長尾猴屬

人類的近親猴子對丁丁刺激和菊花刺激都很敏感。因為雄性猴子在白天經常會自擼，所以取精通常選在清晨。如果取精前，技術人員在地上看到了白色的精液，猴子們就要再休息一天。

波斑鴇

為了研究到底是大叔的精子好，還是小鮮肉的精子好，研究人員對波斑鴇進行了人工授精，結果顯示大叔的後代與鮮肉的後代相比，破蛋率低，幼鳥生長速率也相對較低。

雪雁

雪雁會主動收養窩附近被拋棄的鳥蛋，但可能不是出於善心，多孵一個蛋的邊際成本可以忽略不計，但混在自己蛋中的棄蛋可以幫助稀釋被捕食的概率。

金絲雀

金絲雀寶寶在自己還是一顆鳥蛋時，就已經開始盤算未來怎麼找媽媽多要一些吃的。

珍蝶

超過九〇%的雌性珍蝶都感染了沃爾巴克氏體（Wolbachia），一代代雌生雌，導致雄性幾乎絕跡。別的節肢動物中，都是雄性帶著食物追求雌性，這種蝴蝶中卻遍地可見舉著食物求交配的雌性。

狐猴

雌密氏倭狐猴為了抵禦雄性的性騷擾，組成了睡覺聯盟，睡覺團的雌猴通常有血緣關係，她們十分珍惜舒適安全的巢穴，所以聯合起來抵抗其他生物的搶占。

老虎

患有社交厭惡症的成年老虎有件事是不能逃避的，那就是交配。一想到要和平時十分嫌棄的同類零距離接觸，老虎們的額頭就擰在一起了。

海鴉

一種密集繁殖的海鴉在喪失親生孩子後會表現出收養的衝動，有時會把附近其他同類的蛋滾回自己的窩裡。

非洲獴

年長雌性非洲獴地位更高，她們會限制年輕雌性生育，沒有遵循長幼次序的雌性會被懲罰，她們的孩子也可能被吃掉。

裂唇魚

裂唇魚的魚生夢想就是從雌性變成雄性，買房娶妻生子，走向人生巔峰。

【推薦序】

欲望王國（Sex and the Kingdom）

黃貞祥（國立清華大學生命科學系副教授）

性，在生物學的本質上，就是遺傳重組，以上。

因此，只要是任何遺傳重組，都是嚴格意義上的「性」，包括細菌、病毒等，其實偶爾都會有性生活，只是和我們想像的場面不太一樣。高中生物學實驗課中，我找到從池塘裡撈出一種稱為水綿的綠藻，正在進行結合生殖，就大喊全班來看「水綿做愛」，在民風保守的年代和社會，我被班導師記了警告，可是，在生物學上，我完全沒說錯呀。

那為何我們會在公共場合聽到和「性」有關的事，就要覺得羞羞或裝害羞呢？害羞到垃圾桶都可以用來提高有少子化問題的各國嬰幼兒數量，因為小孩詢問父母：我們是從哪裡來的？很多時候得到的回答都是：從垃圾桶撿來的，我爸媽也不例外。

對一般大眾而言，所謂的「性」，關鍵其實是如何讓兩個經過遺傳重組的單倍體配子（精子和卵子）能夠相遇成為一個兩倍體的受精卵之過程吧？也就是男歡女愛的過程。可是要你情我願地讓配子結合，還有廣義上的求歡過程和抉擇。這些過程都是構成大千世界裡動植物各種無奇不有的多樣性以及我們人類社會中各種行為、文化現象的基礎。

我有時候會開玩笑說：當我們不解的解剖、形態、生理或行為特徵，無法用更適應環境來解釋時，性擇往往是最佳的解套。當然，在嚴肅的學術界，這種說法不僅不及格，還不恰當，因為嚴謹的科學，任何論點都要有「可證偽性」（falsifiability），也就是當我們主張某個特徵是性擇的產物，需要有觀察或實驗的證據，否則如果所有暫時無法解釋的生物特徵都可以輕易用性擇解釋，我們把性擇替代成上帝或魔鬼的創造，也都同樣方便啊！

因此，有一天我和博士班指導教授聊天談到一些果蠅物種，雄蟲的前腳上會有稱作性梳的一排特化的腳毛，過去大家都假定，那些性梳應該和雄果蠅的交配有關，而性梳的多樣性，可能和雌果蠅的性擇有關，可是如此一來，那不就犯了用性擇來當方便的謬誤了嗎？於是，我們就設計了實驗，用遺傳學的方式把雄果蠅的第一對腳給雌性化，然後讓帶著沒有性梳的「娘娘腳」雄果蠅和雌果蠅孤男寡女共處一室兩週（差不多是牠們大部分的一生），對比其他正常的雌、雄果蠅，只有少數雄果蠅能夠讓雌果蠅產下後代。我錄製了大量無性梳雄果蠅求偶的影片，顯示牠們都很積極和努力地向雌果蠅求歡，只是一再被發「好蟲卡」。

我在美國加州大學戴維斯分校博士班實驗室研究的就是這些和「性」有關的研究，學術演講中最常脫口而出的單詞，也是「性」，這本《牠們的情愛：動物的求偶心計與生殖攻防》作者王大可肯定也是，她在英國牛津大學念博士班時，研究的是雞的求偶行為。她寫這本書的原因，就是因為對動物的求偶和生殖行為非常感興趣，並且希望透過研究動物的行為來更好地理解人類的行為。她用非常生動逗趣、詼諧幽默的口吻來跟我們述說許多昆蟲、魚類、兩生動物、爬行動物、哺乳動物、鳥類等在「性」方面令人眼花繚亂的奇聞軼事。

王大可指出，生物有兩個任務：第一，對自己，活得長、過得好；第二，對後代，生得多、孩子好。沒錯，天擇也好，性擇也好，贏家就是要繁殖出更多可生存且具生育能力的後代，在這個競賽中，沒有最好，只有更好！因此，王大可主張戀愛有兩個核心——求偶和交配；婚姻也有兩個核心——交配和育雛。她還提到了性關係絕不僅僅指性伴侶關係，最主要的性關係是父母和子女的關係，它既是生育的結果，又是愛的原因，具有極度的排他性和不可更改性，是信任滋生的穩固平臺，是部落形成的前提。

在動物世界中的求偶競爭，美、暴力和欺騙在交配過程中都扮演了重要的角色，王大可透過生動的例子和有趣的故事，向我們展示動物世界中的求偶競爭和生存法則，並且提供了對動物行為和生態的深入理解。《牠們的情愛》舉了多個例子，包括流蘇鷸、睛斑扁隆頭魚等動物，描述了牠們在求偶過程中的行為和策略。在交配季節，動物們會進行激烈的競爭，以吸引異性的注意。有些動物會展示自己的美麗和才華，例如流蘇鷸；有些動物則會使用暴力和欺騙來取勝，例如雄性獅子。除此之外，她還提到了動物世界中的一些有趣現象，例如睛斑扁隆頭魚的求偶方式和螳螂的交配行為等。

《牠們的情愛》介紹了竊聽現象在生物界的普遍性，從蝙蝠、鳥類、哺乳動物到植物都有竊聽和偷窺的行為，對生物的生存和繁殖產生深遠影響，在人類社會則產生了大量的情色產業。此外，她還提到有些動物會竊聽其他動物的求偶聲音，以便找到配偶。因此，竊聽行為可以幫助動物學習繁殖技巧，提高繁殖成功率。熊貓透過看「A片」學習交配技巧，以及鳥類觀察其他鳥類的交配行為來學習。

王大可本身研究原雞的生殖行為，因此她對雞隻社會行為的研究描述得特別詳細。他們觀察到雞隻之間的社會等級制度、權力鬥爭、競爭和合作等行為，還探討了雞隻的智力、情感和行為模式，並試圖解釋這些行為的原因和意義，從原雞的一生可以窺見性擇的殘酷。例如，啄序是原雞建立社會等級制度的方式之一，地位高的雞可以優先占有資源，操縱地位低的雞的生活。啄序最初是用來描述母雞的，後來人們發現公雞也有這樣的地位排序。

在人類社會中，社會等級制度是否也存在類似的問題和挑戰呢？關於人類的社會等級制度，這是一個廣泛而複雜的問題，涉及到政治、經濟、文化、歷史和社會學等多個領域。在人類社會中，社會等級制度也存在權力鬥爭、競爭和合作等行為，以及如何平衡個體和群體的利益等問題。此外，社會等級制度也可能對個體的自由、平等和公正產生影響，需要進一步的探討和研究。

在著名的精子競爭方面，《牠們的情愛》介紹了精子競爭的兩種模式：公平競爭和不公平競爭。公平競爭是指精子憑藉相對數量、速度和壽命爭奪受精權；不公平競爭則和交配順序相關，分為先進者優勢和後進者優勢。王大可還介紹了不同物種中的競爭策略，例如有的雄性交配之後會在雌性體內留下交配栓，阻止其再交配，而有的雄性則會把原先留在雌性體內的精子都清除，只留下自己的。在宏觀對規則的反抗方面，她介紹了演化常常意味著強者制定規則，贏者通吃，壟斷交配與繁殖的權利。但是，除了宏觀尺度上的競爭，微觀尺度上也有競爭，因此弱者也有可能逆襲。

性擇中雌性和雄性扮演著不同角色和策略。雌性的選擇更加浪漫和謹慎，她們更注重對方的外貌、歌舞能力和其他特徵，以此來判斷對方是否適合交配和繁殖後代。相對的，雄性更加注重自己的外貌和行為，以此來吸引雌性的注意和青睞；雌性的最佳交配頻率和配偶數低於雄性，因為雌性承受的性擇壓力較小，而雄性則需要在競爭中脫穎而出，以獲得更多交配機會和後代；雄性有時會強迫別人的配偶發生性行為，但這種策略往往難以成功，且對整個種群都是不利的。因此，強迫性行為往往是一種不道德和不負責任的行為，並且在大多數情況下都是被社會所譴責和禁止的。相對地，雌性更注重自己的安全和繁殖後代的成功，因此更傾向於選擇那些能夠提供更好保護和照顧的雄性。

雄性在交配中存在著強勢和弱勢之分，強勢的雄性通常具有更高的社會地位、更大的睪丸和更好的精子品質，因此更容易贏得配偶。然而，弱勢的雄性也有反抗的策略，例如低等級雄性彎道超車，暗地裡創造了新規則，反抗高等級雄性的生殖霸權。王大可就是在養雞場的實驗中，透過觀察雞群中公雞的交配行為，探討了雄性的交配策略和生殖行為。她還提到生殖與生存的矛盾困擾著動物，也困擾著人類，但這種矛盾揭示出自然界在篩選標準上的多樣性。

《牠們的情愛》提到一些有趣的動物性別特徵和交配方式。在人類，女性為何會有生理週期和月經現象呢？王大可探討了為什麼人類和其他哺乳動物在這方面存在差異。她也從雌雄同體動物的角度出發，可以看到牠們在選擇性別、交配策略和生殖行為上的獨特性，例如偽角扁蟲的丁丁擊劍術和暗箭交配等。此外，她也探討了動物世界中兩性之間的權力鬥爭，包括公雞和母雞之間的交配權力鬥爭。

並非只有雄性才是強者，動物世界中的社會結構和行為現象還包括了母系社會。《牠們的情愛》中列舉了多種動物的社會結構，包括鬣狗、大象、獅子、黑猩猩等，並且探討了這些動物社會的運作方式和特點。其中，鬣狗是一種非洲草原上的獵食動物，牠們生活在群體中，並且是一種母系社會。在鬣狗社會中，雌性的地位高於雄性，並且牠們通常會和女兒們組成一個單性團體，有特殊的性與愛現象。鬣狗會進行假丁丁和舔丁儀式，這些行為可能有助於維持社會穩定和增進群體凝聚力。此外，母系社會中也會出現新壓迫現象，例如鬣狗母權社會下的年輕雌性對於老年雌性的欺凌和排斥。

父母和子女之間的關係，在生物學上，可視為一種特殊的性關係。動物照料子女的行為是基於一些重要因素的考慮。其中一個重要因素是孩子離開父母後是否能夠生存。父母在照料所有孩子的時間和能量有限的情況下，需要考慮如何以最小的成本獲得最大的收益。父母在平衡照料孩子和生育下一代之間的關係時，需要考慮到孩子的存活率和繁殖成功的機會。如果孩子在離開父母後很容易死亡，父母就會更加關注照料孩子，以確保他們的存活率。

如果父母不斷地生育下一代，可能會導致每個孩子都因缺乏照料而大概率死亡，進而減少繁殖成功的機會。因此，父母需要在照料孩子和生育下一代之間找到一個平衡點，以確保孩子的存活率和繁殖成功的機會都能夠得到最大化。此外，父母還可以透過分工合作的方式來平衡照料孩子和生育下一代之間的關係，例如母親可以照料孩子，父親可以為孩子提供食物等。

最後，王大可還探討了包括自然界中的謊言、正義的漏洞、雌性在人類敘述中的地位、愛和生命等。她表示自己對這些主題非常感興趣，並且探討了現代學術界對這些主題的理論和實驗證據。對於演化生物學家而言，嘗試用學術研究中取得的成果來解釋人類的現象，包括對一夫一妻制的反思、對女性在當代社會中地位的關注、性別平等、正義和權力等，是很大的誘惑，像是至尊魔戒一樣，要小心為之。

王大可透過觀察動物世界，發現動物世界和人類社會有很大的不同，這讓她對人類文化產生了一些思考和質疑。使用動物的知識來解釋人類行為時，需要謹慎對待，不能一概而論。總的來說，動物的知識可以為我們理解人類行為提供一些有益的參考，但需要在適當的情況下使用，不能過度應用。人類社會往往會將自己的文化和價值觀強加給動物，這種做法也是不合理的。

食色性也，《牠們的情愛》可能不會增加床笫之歡，可是輕鬆愉快地揭示了動物們無奇不有的性生活，讓我們先來大飽眼福吧！

【自序】

一起回到動物性，回到文化開始之前

這本書不是嚴格意義上的科普書，如果出版之後被歸於科普這一大類之下，也是因為這「四不像」最適合歸於這個門類。為什麼一個科學工作者會寫一本不是科普的書？大概是因為我首先是一個人，我是以一個人的身分來寫這本書。我做了科學研究這一份工作，可是由於科學研究工作具有天生的「權威性」，我很自然地容易寫什麼都被賦予身分價值。如果我單純從人的角度出發，略去牛津大學博士的稱謂，這本書的「權威性」可能就大打折扣，也不好賣了。但誠實起見，我必須開章明義，這本書絕不是什麼「客觀真理」的闡述，不是獵奇的各種動物「性癖」的展示，也非什麼大咖學理的一脈相承。我只是赤裸裸地展現了我的思考過程，可能有人從中獲益，有人中途離場。我不過是一輛行駛中的火車，若能載讀者一程，是緣分；若不能，也就相忘於江湖。

在牛津的時候，我去聽了一場音樂研討會，講者講述了美蘇冷戰時期的音樂。我問，音樂不能獨立於意識形態嗎？他回答，沒有音樂是獨立於意識形態的，因為人都有意識形態。那是我人生中的一次頓悟。人都有意識形態。在那之前和那之後的生活彼此撕裂、漸行漸遠。之前，我總把自己搬到上帝的視角上，分析某一行為是否符合該個體和群體的利益，以為把自己摘出去，就能從客觀視角出發。在那之後，發現其實「我」一直都在，我把自己藏在各種理論、各種實驗結論之下。

讀者將以如下的方式看到我筆下的動物。首先，動物經歷了一個實驗設計，出現了一個行為，牠們為何這樣做，我們永遠無從知曉。然後，實驗者觀測並描述動物出現了什麼行為，並用統計學分析判斷動物們是不是「確實」出現了這個行為。最後，實驗者會推測是什麼實驗刺激導致動物出現了這種行為，隨之套用各種經典理論解釋為什麼這樣的實驗刺激會導致動物出現該行為，並以論文的形式闡述整個過程和結論。我引用的這些論文是順著我的學術思想一點一點沉澱下來的。但是我的思想和論文作者的思想可能不同，我想表達的內容和他的可能也不同，我引用他的文章是為了佐證自己的論點，於是「我」出現了。

我探討的是我感興趣的內容，比如，為什麼一夫一妻制中的雌性要出軌？現代學術界有哪些理論？分別有哪些實驗證據支持？我傾向於什麼解釋，我不贊同什麼解釋，我以何等體量來闡述二者？對於那些我不贊同的理論，我甚至不屑於列出。我呈現出來的資訊已經被篩選過，根本就不是客觀的。進一步說，任何書寫都不是客觀的，任何理論都不是客觀的，任何實驗都不是客觀的，因為它們背後有人。

我寫的一篇文章都已經是這樣了，那整本書呢？我從二〇一七年二月開始寫這本書，截至如今已經超過六年了。很多人問我為什麼會寫這個系列。我的確能在不同場合講出版本稍微不一樣的精準故事，彷彿某些事情就線性地導致了之後發生的事情。在回憶中，我不斷凝練當時的意圖，比如，為了更好地理解文獻，所以要把它用自己的話寫出來；比如，對一夫一妻制的反思，讓我不斷去追問什麼是合理的婚姻形式；再比如，感受到女性在當代社會遭遇的困境，想要反抗。這些都是真實的，但是有邏輯地表述一件事，本身就使事實有損失。人生也不是單線遵從工具理性發展。我會選擇性地撿起解釋性更強的記憶，卻拋掉其他那些若有似無的記憶。

可是我認為那些模糊的記憶也很重要，比如，某些時刻強烈的溺水窒息感，我被自身的各種偏見緊緊包裹，喘不過氣。寫作是為了自救。從孩童到少年，從少年到成年，這一路上我被灌輸人類社會是這樣的種種理論，被巨大的事實裹挾，被既有的規訓訓誡，在龐雜的現實世界中，我找不到自己。是不是一定要這樣，還可以怎樣，應該怎樣呢？宏大的現代性文化之下，我消失了。我想逃離各種概念、規範，逃離被異化的自己，我想找回自己。

橫衝直撞的我走出了一條路，那就是回去，回到動物性，回到文化開始之前，否定被文化異化的自己，否定人類，否定文化的結晶。

我對文化擲去的第一把斧頭就是去中心。人類社會是這樣，那我去看看動物世界是不是也這樣，結果發現不僅A動物不這樣、B動物不這樣，好像大家根本就不是這樣，最常見的反倒可能是另一種模式。推翻這種人類為萬物靈長的中心主義，就像從地心說到日心說的哥白尼式翻轉。什麼是人類中心主義？指的是人類逐步「進化」成了某種可以宰制一切的「高級」生物。因為我們贏得了「演化」的勝利，所以我們是「好」的。為什麼我們可以贏？因為我們有這些「好的」特質，但是我透過觀察發現這些「好的」特質在動物身上也有。人們以前以為只有自己有同理心，後來發現非人靈長類遇到親屬死亡也會哀傷。人們以前以為只有自己會無私地幫助同類，後來發現很多動物都有類似的無私行為。為什麼其他生物也有的東西在人身上就成了更好的？所有這些特質並不必然使人類成為地球霸主，相反，更可能是人類那些並不美好的特質，諸如暴力、自私，使人類取得了如今的成就。為什麼人類社會認為富有同理心、無私、忠貞等是好的特質？這是道德的推論。為什麼人能宰制其他生物？這是偶然夾雜著暴力的結果。前一句話得出的結論是，人之所以為人，是因為有道德；後一句話陳述的事實是，人之所以能為人，是因為不講道德。二者的矛盾突出了道德的偽善。

但這條路走得很奇怪，就像我划著小船出走，船卻是現代工業的產物。我們觀測動物的方式非常人類中心主義。人觀測到動物有了一個行為，比如，剛性成熟的後代不去繁殖，而是幫助父母養育後代，這種行為就被人類賦予了無私的含義。無私的意思是沒有私心，可是我如何知道動物是否有心靈？就算牠們有心靈，我如何知道牠們是有心還是無心去幫助的？就算牠們是有心去幫助的，我如何知道這種幫助對牠們是沒有好處的？就算對牠們沒有好處，我如何知道牠們做這件事會不會開心呢？而最顯著的問題就浮現出來了，我不能去問動物是否開心，牠們無法回答我，就算行為上觀測到牠們做了一件事，也無法推斷出牠們是為了開心才去做的。即使我觀測到牠們腦內的多巴胺、阿片類神經遞質升高，也未必意味著牠們開心。因為這些神經遞質和開心的關係是從人的實驗上得到的，描述動物開心本來就陷入了人類中心主義。

用來攻擊人類中心主義之盾的矛竟然也是中心主義的，背離了中心主義就沒有矛，沒有矛，那中心主義之盾也不會被破。若有了中心主義，則矛一直都在，矛會永恆地扎向盾，盾在破的一瞬間，矛也不在了。

因此，從二〇一九年開始，我漸漸不寫了，這個過程就像螃蟹褪殼。我第一次決心否定做為人的自己時，我褪去了第一層殼。當我接受了做為動物的自己時，我長出了第二層殼。當我看到人類心靈和動物心靈之間的鴻溝之時，我連動物之殼也保不住了。這場逃離文化之旅，終究沒有落腳點。從二〇一九年至今，我一直試圖結築第三層殼，可惜直至這本書成稿之時，第三層殼都沒有長好。為了等待堅硬的殼長好而將這本書束之高閣是否值得？如若這樣，人生是不是只應書寫一本書，那些不完備的不成熟體不應該用文字留下自己的痕跡？一隻無殼之蟹是否有展現在人前的價值，我是不是該等到殼成熟之後再帶給讀者一些建構性的東西？更何況，一隻無殼之蟹又如何能向大眾展示那個曾經有殼的自己？如果這隻無殼之蟹甚至無法面對那個曾經的自己呢？

這本書的主體是曾經的我以人類中心之矛攻擊人類中心之盾寫成的。在現在的我看來，它是對現代性一次失敗的攻擊。失敗的嘗試有必要記錄下來嗎？人類的絕大多數嘗試都是徒勞的吧。浩瀚如山的後現代又有幾條路真正走得出來呢？這本書最不濟也會落得這樣一點微小的價值——竟然有人以如此新奇的角度進攻，竟然又以內部坍塌的形式潰敗。這至少能說明，人類無法透過打開動物來理解自己，好像除了從我們內心去尋找自己，別無他法。倘或有人質疑，在重重解構之後，我又建構了什麼？那麼不建構就不能說話是不是現代性獨斷的規定呢？不斷攻擊卻無所佇立本身就很後現代吧。

我以強意識形態入場了，書本之外的讀者也以強意識形態入場了。讀者若看的是「動物世界」，那麼會批評這本書不夠客觀；讀者若看的是「哲學啟蒙」，那麼會批評這本書邏輯不通；讀者若看的是我這個人，那或許是一次美好的神交；若看的是自己，那麼從我的論述中也可窺見讀者本身的思想脈絡。

那麼，就讓我們一起，回到動物性，回到文化開始之前。

【目錄】

第三章 正義與宏觀規則

第四章 對宏觀規則的反抗

第五章 「她」或「他」，誰來制定規則？

第六章 雄性弱者的反抗

第七章
雌性的反抗

第八章
母權社會下的新壓迫

第九章 做爲弱者的孩子

第十章 愛與和平

第一章

虎口奪食

求偶難題：美、暴力與欺騙

又到了動物交配的季節，草地上，流蘇鷸爭奪配偶的戰爭已經一炮打響，各群體嚴陣以待，使出渾身解數。打頭陣的當屬裝備著黑色羽毛的流蘇鷸，他們*是這片領地的老大。一旦有雌性進入，黑色流蘇鷸便會翩然起舞，搔首弄姿地展示自己的美好。黑色流蘇鷸體形強壯，是地主階級，優先享有領地、食物的使用權。在異性面前，他們擁有優先展示自己的權力，優渥的生活條件也更容易得到異性的青睞。

兩隻雄性黑色流蘇鷸狹路相逢，眼下硝煙瀰漫，劍拔弩張。雌性緩慢踱著步子，她們更想看看雄性的才藝表演，他們長得賞心悅目，會唱曲、會跳舞，能給生活增添更多情趣。兩隻雄性流蘇鷸會意，開始抖擻著胸上的羽毛，張開翅膀笨拙地跳舞。雌性心滿意足地走向唱跳俱佳的雄性。然而，沒得到青睞的雄性開始耍賴，一腳踹在贏得美人的雄性背上，用尖銳的喙啄對方嬌嫩的泄殖腔。後者雄姿英發的樣貌不見了，反倒被攆著滿場跑。雌性的心上人就這樣被暴力逐出了競技場。

螳螂捕蟬，黃雀在後。雌性觀看這場戰鬥時，一隻白色雄性流蘇鷸鬼鬼祟祟地接近她。這隻白色流蘇鷸是帥氣黑色流蘇鷸的跟班，老大被追得滿場跑時，他沒想著上前幫襯一把，倒是想漁翁得利。他猛地撲到雌性身上，咬著她的脖頸，彎曲下半身準備交媾。雌性哪想到前有豺狼後有虎豹，只能奮力掙扎。洋洋自得的黑色流蘇鷸這才緩過神來，忙上前驅逐白色流蘇鷸。

心上人跑了，雌性只得將就嫁給眼前這個救了自己、以暴力取勝的黑色流蘇鷸。婚後生活並不是一帆風順。丈夫後宮充實，這天，他又瞧上了新的「雌性」，賣力地獻著殷勤。他炫耀著讓自己稱霸一方的肌肉，目標「雌性」只覺得索然無味，但並不拒絕結婚的邀請。新來的「雌性」熱烈地和雄性的後宮佳麗們打著招呼，舊有的雌性並不排斥，只當是百無聊賴的生活中多了一個陪伴。誰知新來的「雌性」舉止曖昧，刻意製造著肢體接觸，舊雌性只當對方在釋放友好的信號，並未驅逐「她」。「她」一個踉蹌翻上一隻舊雌性的背，咬頸、踩尾、交媾一氣呵成。舊雌性尚未反應過來發生了什麼，新來的「雌性」早已跑得無影無蹤。舊雌性生殖器周圍尚有溫熱的精液，她怎麼也想不到將來自己的兒子也會生成這副模樣，靠欺騙來獲取僅有的交配機會。

*編註：本書中為區分雄性與雌性動物的差別，第三人稱一律以「他」代表雄性，「她」代表雌性。

流蘇鷸是一種特殊的水禽，雄性有三種形態，黑色的是凶狠的地主階級，白色的是順從的流浪漢，還有長得和雌性差不多的偽裝者。地主階級通常占八〇%~九五%，流浪漢占五%~二〇%，偽裝者少於一%[1]。雄性在繁殖地炫耀求偶，等級森嚴，戰場永遠屬於地主階級。流浪漢四處吆喝吸引雌性，卻沒有交配權。因為一旦他們的不軌意圖被地主階級發現，就會被啄得頭破血流，但深諳套路的流浪漢總能在地主階級與其他雌性纏綿、無暇他顧之時，在隱蔽的地方抓住一隻雌性快速解決生理需求。偽裝者體形與雌性相當，沒有花哨的羽毛。因為外形酷似雌性，他們闖入地主階級的領地時，並不會被驅逐，甚至會引起地主的憐愛。時間緊迫，進入地主的後宮之後，他們需要在露餡之前找準時機，以最快的速度找到「姐妹」交配，把精子發射到雌性體內，再全身而退。這被稱為替代繁殖策略[1]。

♀弱者的求偶策略♂

流蘇鷸的策略在自然界裡並非孤例。無法正當尋得交配機會的雄性幾乎只能靠此方法繁衍後代。動物深諳弱者要翻身，靠誠實競爭沒用。那些誠實競爭的弱者大都被淘汰了，無法出現在我們的視線裡，而不誠實的競爭者卻年復一年從強者口中奪食。

睛斑扁隆頭魚在江河湖海中追逐嬉戲。躁動的雄性四處尋找隱祕的小窩，布置自己的新房。待一切準備就緒，雄魚就殷勤地邀請雌魚來家裡參觀。孤男寡女共處一室，浪漫逐漸升溫，雄魚親吻著雌魚，兩魚像偶像劇演的那樣，在充滿粉紅色氣泡的水裡螺旋上升，螺旋下降[2]。

雄魚單鰭跪地：「嫁給我好嗎？為我生兒育女。」雌魚臉上泛起紅暈，嬌羞地點點頭，解開衣裙，產了一地卵。雄魚喜不自禁，正準備大幹一場。說時遲，那時快，被愛情沖昏了頭腦的雄

1 替代繁殖策略（Alternative mating tactics）：同一物種中的某一性別可以呈現多種表現型，在求偶的過程中，其中有些表現型會採取一些非常規求偶策略。這一現象通常在雄性中更常見。流蘇鷸的例子裡，雄性就有三種形態。

魚並沒有意識到另一條雄魚已在洞口窺視好久了。他像離弦之箭般躥到雌魚身邊，以迅雷不及掩耳之勢放出一大堆精子。在房主意識到自己被綠了之前，撿漏的雄魚又一個箭步逃離作案現場，一切都那麼天衣無縫[3]。

這種「可恥」的行為被稱為寄生。寄生行為廣泛存在於體外受精的魚類中。地主階級通常由高大威猛、顏色豔麗的雄性組成，他們往往優先占據了最好的繁殖位點。剩下的雄魚要麼只能找到屋頂塌了半邊、雌性正眼都不瞧一下的破窩，要麼居無定所。雌性找對象十分看重對方的經濟實力，好的房子往往更隱蔽，易於躲避捕食者，後代存活率更高。

那些體形小的雄性雖然硬拚拚不過，但還可以玩陰的，尤其很多魚類是體外受精，更加有機可乘，雄性即使對著蒼茫的大海發洩欲望，也有幾分概率喜當爹。當然，最有利可圖的還是在別人洞房花燭之際乘虛而入。這種當面給人扣綠帽子的行為很危險，簡直是用生命在「啪啪啪」，跑得慢了就會被胖揍一頓扔出門。不僅如此，地主還會千方百計提防小偷。比如，小長臀蝦虎中，如果想撿漏的雄性比例很高，地主便會把家門修得小一些，讓他們有命進來，沒命出去[4]。道高一尺，魔高一丈。為了應付這類情況，小偷有時會趁男女主人出門時，偷偷潛進房內，釋放一群精子[5]。想到地主和地主配偶之後將在自己的精液環繞下纏綿，小偷的嘴角便浮現出邪惡的笑容。

♀ 動物們也渴望公平 ♂

雄性流蘇鷸群體中，除了地主階級，剩下的兩種表現型都被視為小偷。地主不歡迎他們，自己勤勞建起的房子、迎娶的嬌妻，卻被小偷占有。雌性也不歡迎他們，性行為需要雙方同意，自己卻在猝不及防中被侵犯，萬一受精，生出流浪漢或偽裝者的兒子，就也是天生的小偷。哪個父母不希望孩子老實本分地生活，哪個孩子不希望自己有個厲害的父親？偽裝者像過街老鼠一樣，人人喊打，卻滅絕不了。體格強壯的地主魚也是這樣想的，若是勁敵在外，地主便要時時刻刻守衛自己的房子和配偶，以致浪費了本可用來覓食的時間和精力。高牆之外，不滿的「無產者」時刻準備著衝進地主房內分得一杯羹，誰叫他們壟斷了繁殖必備的領地資源。小偷們浪費了好不容易吃進去的能量來生產大量的精子。無奈的雌性，明明是自由戀愛，卻中途被人插一槓子，莫名其妙生了別人的孩子，有苦說不出。

雄性黑色流蘇鷸和地主魚希望能建立一個公平正義的世界，大家憑藉打架能力分配領地和配偶。小偷們也希望建立一個公平正義的世界，擇偶的標準能更多樣化，不因為天生矮小就喪失公平競爭和追求愛情的權利。雌性流蘇鷸同樣希望能建立一個公平正義的世界，沒有欺騙、沒有強迫，自由戀愛。

那麼，什麼是公平？

警惕戀愛中的騙局

什麼是公平難以回答，我們不妨換一種方式來尋找答案——什麼不是公平。對小偷感到憤懣的人估計會認為欺騙有違公平，但當我們滿懷期待地去自然界中找尋誠實，最後可能會失望地發現，欺騙遠比誠實來得廣泛。

求偶博弈中的欺騙不外乎我愛你，你卻不愛我，因此我偽裝自己來迎合你。偽裝總有卸下的一天，發現對方不是良配的雌性，或高傲地一走了之，或深陷雄性的陷阱無法脫身，只得委曲求全。

無論如何，受到欺騙的雌性都付出了時間成本，甚至生殖成本。

縱然在人類眼裡，雄性藍孔雀有著奪目的尾羽，但在雌性眼裡，漂亮的尾巴太多，有趣的靈魂太少。那些長得不夠美、才藝不夠好、打架不夠強的雄性終究難覓佳人。如果雌性都不願上門看看，他們就更沒有機會了。因為流量為王，而自然界裡最招徠流量的就是叫聲。

藍孔雀交配時的叫聲格外地引人注目，獲得交配機會的雄性藍孔雀一邊交歡，一邊引吭高歌時，方圓幾里都可欣賞到這刺耳的叫聲。按常理說，交配之時是動物一生中最危險的時刻之一，容易被捕食，必須謹慎、謹慎、再謹慎。那些不處於食物鏈頂端的物種一般都會找個隱蔽的地方悄悄行動。雄性藍孔雀卻反其道而行，大聲宣告自己的存在，面對氣勢洶洶的捕食者毫不畏懼。雌孔雀對於這種男子氣概也是十分佩服，循聲而來，主動獻身[6]。

按常理說，自然選擇會首先篩選掉無事亂叫的個體。如果是被捕食者，叫聲可能引來捕食者。如果是捕食者，叫聲可能嚇跑被捕食者。交配是一件私密的事情，最好不要被突然打斷，而叫聲可能會引來無關的圍觀者。交配要持續一段時間，這段時間內，無論是逃跑、防禦，還是打架，都受到影響。但性選擇經常展現出超出常規的篩選力度，雄性冒著生命危險也要展示出能夠彰顯自己成功的性狀。或許在雌性看來，這性感的吼聲象徵著面對逆境仍能生存的能力。因此雌性樂此不疲地循著交配聲而來，對交配中的雄性芳心暗許。

既然叫聲能給自身魅力加分，一些不法分子就打起了小算盤，縱然自己是鐵杆單身漢，也要學著那些風流公子哥成天亂叫。這些心機雄孔雀叫完之後，還會銜住一根小木棍啄地，假裝嘴裡有食物，勾引雌性。平均而言，叫聲可以多吸引一四．四%的雌性造訪，一旦有了流量，雄性就可以盡情展示自己，或者使用蠻力逼迫雌性就範。大多數雌性抱著看帥氣小哥哥的心願而來，卻失望而歸。不過，我們也不能全然忽略雌性的主觀能動性，騙子畢竟是騙子。研究人員發現，儘管三一%的叫聲是騙子發出的，但只有不到三%的騙子能成功和雌性交配[6]*。

除了模仿交配時的叫聲，雄性還可以透過模仿危險靠近的聲音來恐嚇雌性進行交配。曼妙的歌聲能為雄鳥增色不少，畢竟鳥馳騁天空，光憑眼睛發現潛在交配對象的效率太低，而歌聲穿透力強，且搜尋成本低。雌性琴鳥就會被歌聲吸引，駐足聽上半晌，如果發現這個奮力歌唱著的雄性不對自己胃口，就會轉身離開。雄性一看，自己辛苦唱了半天，快到手的配偶竟然想飛走，立馬就會轉變聲音，發出通常遇到捕食者才會發出的聲音，表示外面危險。雌性只能好好留下來共度良宵，等外面安全了再走[7]。

公雞也深諳欺騙之道。公雞遇到蛋白質豐富的食物（如蟲子）時，並不會一口吞下。生殖期雌性的蛋白質消耗巨大，比公雞更需要蟲子。因此，公雞會利用食物吸引雌性靠近，具體做法是將蟲子銜在嘴裡，以喙扣地，發出咕咕聲。聽到聲音的雌性為了獲取食物，常常會和雄性進行交易。雌性獲得了食物，雄性獲得了性滿足。然而，不誠實的雄性常將小木棍銜在嘴裡，模仿叼住蟲子的姿態，發出類似的聲音。雌性往往要走近才能發現被騙，而此時已不一定能逃脫。

什麼樣的對象才是優秀的？

什麼是誠實的信號呢？一九七四年，以色列演化生物學家阿莫茨．扎哈維（Amotz Zahavi）提出了不利條件原理[2][8]，認為雌性偏愛基因品質高的雄性，雄性不僅要身板硬，還需要做個好的推

*編註：重複的編號表示引自同一份參考文獻。

銷員。每個雄性都可以吹牛皮說自己是天下第一，雌性卻沒那麼好糊弄。雌性巧妙的思考邏輯是，如果這個雄性身上有不利於生存的特徵，卻還能充滿激情地在我面前搔首弄姿，那一定是具有獨特的生存技能。比如，雄孔雀有靚麗的長尾巴，鮮豔的顏色更容易吸引捕食者，長尾巴不容易逃脫險境，在毫無遮蔽的公共場所開屏也會增加危險。但儘管如此，他還是能夠站在她面前求愛，正說明了他足夠強壯和機智，那他們的孩子也會遺傳到他的強壯與機智。那些不夠機敏卻仍舊在雌性面前炫耀的雄性早被吃掉了，而那些短尾暗色的雄性在生存和繁殖的兩難中選擇了生存，也就失去了性吸引力，只有強壯機智的雄孔雀才能抱得美人歸。所以，選取什麼樣的信號，制定什麼樣的標準，就有講究了。

扎哈維提出的不利條件原理指出，如果展示一個信號需要付出極大代價，而個體仍舊選擇展示信號，那麼這個信號就能誠實地反映個體品質。比如，泰突眼蠅兩隻眼睛隔那麼遠，一不小心就撞壞了，能夠完整地活著，說明牠的生存能力一流。實驗證明，眼間距確實是個誠實的信號，可以同時反映基因品質和成長環境品質。以泰突眼蠅為例，基因品質好的雄性泰突眼蠅不管吃什麼都眼間距長，基因品質差的泰突眼蠅眼間距受環境影響很大，沒吃好眼間距就小了。而在基因狀況一致時，營養狀況好的雄性眼間距更長[9]。

一九八二年，美國生物學家威廉·漢密爾頓（William Hamilton）和馬琳·祖克（Marlene Zuk）提出了健康假說[3][10]，認為雌性會偏愛健康的雄性。寄生蟲病流行的物種中，顏色鮮豔的羽毛顯示了雄性的健康程度。被寄生蟲困擾的雄性無力產生鮮豔的羽毛，皮膚上的禿皮也會顯示該雄性可能感染了寄生蟲。雌性還能透過檢查雄性的尿液或觀察其打鬥能力判斷其是否生病。三棘刺魚的紅肚皮可以顯示自身的健康程度，愈紅愈健康，雌性也確實偏愛更鮮豔的雄性。實驗人員把一群雄性染成紅肚皮，其受歡迎程度立刻爆表。當實驗人員使用綠色的光照射魚群，雌性無法區分雄性肚皮的顏色，就只能隨機交配[11]。但如果維持信號的成本太高，就難以廣泛流傳。比如，兩個雄性為了心愛的姑娘決鬥，鬥完了，一個死了，一個重傷，雖然贏得戰鬥是誠實的信號，但是還活著的那位也沒有力氣交配了啊。

因此，生物們更喜歡採用一些經濟實用的信號，即傳統信號。傳統信號主要有兩類，一類信

2 不利條件原理（handicap principle）：雌性有時會偏愛一些有著明顯不利於生存性徵的雄性，這些性徵是誠實的信號，表明生物付出了很大代價，也不影響生存，自身條件很好。

3 健康假說（Hamilton-Zuk Hypothesis）：又稱寄生蟲假說，即漂亮的第二性徵表明該個體不受寄生蟲困擾，很健康。雌性在挑選更漂亮的雄性時，同時選擇了相關聯的健康基因。

號與打鬥水準直接相關。比如，公鹿喜歡向對手咆哮，咆哮的頻率和時長可以反映雄性的打鬥水準。當你遇到一個連吼半個小時不停的對手，通常不會有幹架的欲望，因為對方看起來太能打。另一類信號與打鬥水準間接相關。比如，攜帶勳章的動物被認為是能打的，麻雀胸前的一撮黑毛即為勳章，是身分的象徵。但就像武林確定排位時有自己的規矩，攜帶勳章的「武林盟主」也需要接受眾人的挑戰。如果有個攜帶勳章的弱雞企圖渾水摸魚，便立刻會被打趴下。當弄虛作假成本太高時，勳章就被認為是誠實的信號[12]。

性魅力虛假宣傳

然而並不是所有的信號都真實可靠，生物們總是能找到各種方法製造一個假信號。如果生產假信號的成本低於用假信號去騙其他個體獲得的收益，欺騙行為則可以穩定存在。在動物世界，作弊行為廣泛地存在於生活的各個方面。

流星錘蛛以蛾子為食，織好一張網守株待兔效率太低，於是牠們費盡心思模擬出一種氣味，讓蛾子自投羅網。這種氣味模擬的是雌性的性外激素，雄蛾子對雌蛾子的性外激素十分敏感，一旦聞到雌性的蹤跡，就會奮不顧身地跑過去求偶。流星錘蛛釋放的氣味讓雄蛾子誤以為有異性在那邊，主動靠近。所以這種蜘蛛幾乎吃到的全是雄蛾子[13]。

除了種間作弊，更多的作弊方式實際發生在種內。動物界中，叫聲是傳遞信號的一種方式，誰來叫、怎麼叫都有講究。危險來臨，群體中的一些成員需要及時提醒大家保持警惕，但叫聲會暴露自己的位置，使自己成為捕食者的目標。有研究認為發出叫聲的個體是為了族群的生存甘願犧牲自己[14]。也有研究認為權力愈大，責任愈大，領袖承擔了風險，保護了族群。原雞中地位高的阿爾法雞，比其他雄性更加警覺，發出警報的次數更多，也擁有交配上的絕對優勢。將一隻貝塔雞變成阿爾法雞（比如移除群體裡的阿爾法雞），他的叫聲會顯著增多[15]。而研究人員發現發出空中警報的次數和交配頻率顯著相關，為了群體安危主動承擔一部分風險的公雞，在母雞眼裡也別有魅力[16]。

但如此一來又有雞要鑽空子了，平安無事的時候也要叫兩嗓子，反正沒有捕食者，叫了也沒事。研究人員曾發現一隻地位低下的公雞在打盹時眯著眼睛發出了警報。但一天到晚喊狼來了，總有一天要被阿爾法雞打，因此這類公雞覺得還是欺負母雞比較划算。正式的求偶過程中，公雞需要給母雞準備小零食，口含著零食發出叫聲或者用喙銜著食物在地上摩擦。找不到對象的單身摳門雞則會含一個小樹枝，發出類似叫聲吸引雌性。蜘蛛也慣用此伎倆。求偶時，雄蜘蛛需要進貢給雌性一個有營養的彩禮，通常是被厚厚的蛛絲包裹著的食物。在雌性費盡力氣打開包裹的同時，雄蜘蛛跳上雌蜘蛛的背，賣力地開始交配。

交配時長和禮物大小正相關。如果雌性吃完了，就會一腳把雄性踹下來。交配時間愈長，傳遞

「禮物好難拆啊！」——雄蜘蛛趁「女友」拆禮物時行不軌之事。

的精子愈多，愈可能成功受精。於是，心懷不軌的雄蜘蛛把包裝做得愈發精美，一時半會兒打不開。更有甚者，會在裡面包上假獵物，如樹枝，欺騙雌性，等雌性發現時，雄性早就逃之夭夭了[17]。

魚類是體外受精，兩性生殖代價差異不大，因此實現了相當的兩性平等。有些雄魚有育雛、護仔的本領，當魚寶寶離巢過遠時，魚爸爸會耐心地把孩子引回家。南美的一些雄魚會把受精卵含在嘴裡或鰓裡進行孵化。在魚類中，雌魚很看重雄魚的責任感，偏愛有護卵習性的雄魚，因此更喜歡和身邊有魚卵的雄性交配。知道了選擇標準，就知道該怎麼鑽空子，有一些雄魚，比如雄性扇鰭鏢鱸，明明不顧家，但又想裝出好爸爸的樣子，便在魚鰭上演化出卵形斑點，遠遠望去就像超級奶爸[18]。

那如果沒有演化出偽裝成卵的圖案，就沒有辦法欺騙雌性了嗎？當然不是。雄性三棘刺魚為了偽裝成奶爸，甚至會悄悄溜進鄰居新婚夫婦的臥室，趁他們不注意，偷一兜受精卵回家。他可不是什麼深情奶爸，一心給別人養孩子，只是為了一己私利，導致別人骨肉分離。雄性的窩裡魚卵數量愈多，對異性的吸引力愈大。情場受挫的雄性為了偽裝成一個好爸爸，製造了兒孫滿堂的假象[19]。這些偷來的魚卵被利用完之後，還可能葬身假奶爸的腹中。

傳統信號成本低廉，一旦作弊成功，好處多多，因而作弊現象層出不窮。上文說到公雞喜歡鳴叫，其實公鹿也喜歡低吼。低吼的時間愈長，母鹿就認為對方的品質愈好。這是因為一來，低吼時間長可以證明體力好，平時估計不常餓肚子。二來，叫聲會暴露自己，引來捕食者，能活下來，說明這頭公鹿跑得快。然而，低吼並不是個完全誠實的信號。首先，根據低吼時間進行品質推斷只是假說，並非充分實證過的結論。第二，哪怕有實證結論支持，也僅是粗糙的統計學推論，只能得到大致趨勢。畢竟，具體到某一次邂逅中，低吼是否有被捕食的成本就不得而知了，畢竟吼叫是自主可控、靈活多變的行為。

假設一隻公鹿的品質並不好，打架幾乎從來不會贏，但是特別知道什麼時候可以低吼，什麼時候不可以。在危機四伏的區域，他會優先保命，不逞強，而在空曠安全的地方、四下無競爭對手的地方，則不吝一展歌喉。雌性聽到優雅綿長的吼叫聲，不免春心蕩漾，誤以為他是一隻品質頗高的雄性，便答應了他的求歡。所以這隻雄性雖然平均低吼時間短，但在特定區域單次低吼時間長，總能騙到一些雌性。

其他雄性不來檢舉他作弊嗎？如果大家來自同一個群體，自小知根知底，那麼他的假信號很快就會被發現。長期觀測下，作弊非常困難。但如果大家從未見過面，那麼別的雄性一見他低吼功夫如此了得，也不敢貿然挑釁，說不準暴力衝突之後誰更吃虧。如果作弊雄性遇到一個愣頭青，非要打一架，那麼大不了不吼了直接跑路。

騙子鹿在群體中比例很低時，大家壓根兒不會去想他是個騙子，於是誰也不敢上去打架。一旦騙子的比例升高，總會有一些不怕死的鹿上前挑戰，一上戰場高下立現。大家幡然醒悟，我們之中有騙子，於是見到很能吼的內心也不發怵，這樣騙子被發現的概率就提高了。但光發現騙子不夠，還需要懲罰騙子，否則對騙子而言，偽裝成功有好處，偽裝失敗沒壞處，為了取得最大收益，不如都去作弊。全民作弊時，信號就失去了鑑定品質的能力，參考者就會被迫選擇其他的信號辨別異性品質[20]。

從雌性視角來看，根據經驗，低吼時間長短確實是個判斷雄性品質的好標準。如果群體中作弊的雄性少，雌性遇到十個喜歡低吼的雄性，可能八個都是品質好的，那麼這個評判標準的正確率就很高，篩選成本也很低。對於那兩個偽裝強大的雄性，的確可以獲得原本不會擁有的交配機會。

從其他雄性的視角來看，如果群體中作弊的雄性很少，那麼看到一個會低吼的雄性，還是不要招惹的好，萬一對方是貨真價實的，免不了一通打。但如果群體中作弊的雄性多，雌性就可能因為被騙而付出極大的代價，而作弊的雄性哪怕被誠實的雄性教訓了，仍舊可以換一個地方繼續行騙。

作弊為何屢禁不止？因為動物（包括人類）很少採用成本高昂的信號。代價很大的信號包括以死明志，像早期基督教的傳教者大量殉道，殉道是虔誠的一個誠實信號，但代價是生命。隨著基督教地位上升，信教幾乎沒有代價，好處卻很可觀，腐敗自然就出現了。傳統信號的缺點在於，觀察者很難去檢驗每一個個體，因此觀察者通常是進行抽檢，而非每一個都檢查，否則對於觀察者而言成本太高。只要是抽檢，就一定會有渾水摸魚的情況。

第二章

竊聽風雲

♀無孔不入的竊聽者♂

有些真實的信號裡穿插著謊言，有些真實的信號則希望把自己掩藏起來。一個合格的研究者不僅要學會從虛實相生的現象裡找到誠實的信號，還要能掘地三尺找到生物不想讓我們知道的真相。只有人類會擔心自己的通話錄音、歷史消息和購買記錄被人竊取嗎？當然不是。資訊安全問題長期困擾著所有誠實守信的生物們。畢竟是生物就需要交流，交流就要傳遞資訊，在傳遞的過程中，資訊就有可能被竊取和破譯。有人靠竊聽、偷看發家致富，兒孫滿堂，有人靠竊聽、偷看殺人於無形。竊聽者無孔不入，信息一旦傳遞，被誰接收就不受發送者的掌控了。

生物世界竊聽現象的普遍性，遠遠超出你的想像，甚至連一些植物都會竊聽。

實驗人員發現菸草植物可以破譯它的鄰居——山艾樹間的對話[21]。山艾樹遭受物理損傷時，尤其是植食性動物把它們啃了一口時，會發出受傷害的資訊素。這種資訊素透過空氣傳播，山艾樹的鄰居菸草就能竊取這個信號，強化自我保護。實驗人員剪掉山艾樹樹枝，以模擬山艾樹被啃，菸草便緊接著在葉片中產生了更多防禦素。實際上，蟲害並沒有發生，菸草白白在防禦系統中消耗了更多能量，導致它們在冬天更容易受到霜凍的打擊。這個實驗裡的竊聽者只是增加了自我防守，並沒有損害山艾樹，但在自然界，還有更多竊聽行為直接損害了被竊聽者的利益。

蝙蝠能發出超聲波定位獵物。很多動物不具備接收超聲波的能力，所以蝙蝠不用太擔心被捕食者竊聽。然而，同一物種的種內競爭往往最為激烈，因為大家愛吃的東西一樣，愛住的房子一樣，對配偶的需求一樣。物質有限，為了活下去，蝙蝠把黑手伸向了同胞[22]。有同胞的地方就有肉吃。蝙蝠發現如果同類在某一個地方聚集，他們要麼在吃飯、睡覺，要麼在交配。去搶同胞有時比自己苦苦尋覓容易得多，所以一些落單的蝙蝠會透過竊聽聲納信號，接近並加入其他蝙蝠群。正因如此，相比漂泊無依的蝙蝠種類，有固定住所的蝙蝠更注重資訊安全，防止被同類破譯。

雄性泡蟾有色彩斑斕的喉囊，喉囊可以儲存氣體，幫助其發出聒噪的求偶叫聲。喉囊舒張之間會在水面產生波紋，水紋也能吸引雌性。但縫脣蝠識破了這個招數，會尋著水波找到雄性泡蟾[23]。為了交配喪命的雄性動物不計其數，活著和交配是兩項衝突的生命活動。儘管形勢如此嚴峻，但雄性動物們依舊迎難而上；也許，從另一個角度看，雄性活著可能就是為了求偶。

生殖方面的資訊竊取主要有三個方向。

第一，雌性竊聽、偷看雌性，跟風擇偶。對找老公沒有經驗的年輕雌性，經常會偷看經驗豐富的雌性（比如年長的雌性）挑選什麼樣的雄性，然後跟在後面和這個雄性交配。

第二，雌性竊聽、偷看雄性。年輕的雌性成長了，很快發現聽媽媽的話不總是對的，還是要用自己的腦袋去判斷。最簡單、最準確的判斷就是誰的武力值更高。雖然暴力不創造財富，但如果沒有暴力，創造的財富就可能被搶走。雌性可以偷看兩個雄性打架，在充分保存自身的前提下，擁有準確的配偶品質資訊。

第三，雄性竊聽、偷看雄性。爭奪配偶過程中，雄性打架非常常見，然而打架的代價太高，一不小心就掛了。從打架開始到打架結束，勝負會逐漸明晰，輸家愈早認輸，受到的傷害愈小。經驗豐富的雄性甚至不需要開打，就知道對方實力是否在自己之上。如果是，趕緊握手言和，把雌性拱手相讓，自己再去尋找新戰場。年輕的雄性總以為自己會贏，打架沒有分寸，最後折戟沙場。而偷看其他雄性打架可以毫無代價地知道對方的實力，如果對方很強，走為上計；如果對方很弱，就一招制敵。看得多了，才能更好地認識自己。

為什麼沒有第四點，雄性竊聽雌性呢？因為雄性看到雌性就立馬上去追求，根本耐不住性子偷聽。

跟風擇偶

什麼是跟風擇偶？就是不去「理性」判斷異性的品質好不好，而是不加思考、人云亦云。如果看到異性和別人交配，說明他品質好，其他同性才要跟他交配。那麼我也應該和他交配。跟風擇偶有一定適應性意義，通常在不知道怎麼選擇卻又不得不做出選擇時，與其瞎選，不如借鑑一下別人的選擇。萬一別人的選擇是經過深思熟慮的呢？設想我們在一個陌生的地方吃飯，挑選餐廳的學問可就大了，但最簡單、最常用的方法還是看哪家客人多。我們傾向於認為需要排隊一小時的餐廳一定物美價廉。挑選配偶也是這樣。雌性傾向於認為其他雌性又不是傻子，選了這個雄性說明他一定有什麼過人之處，跟著她們選也錯不到哪裡去。但是跟風做決策難免會翻車，就像自己不會答題，於是隨便抄了一個人的卷子，結果發現對方其實也不會做這道題。

研究人員透過人為操縱雄性的異性緣，讓雌性對兩組差不多的雄性產生了顯著不同的偏好。實驗人員把兩條身長、花色相似的孔雀魚放在透明水族箱中隔開的兩個單間裡，然後讓一條雌性做為「暗椿」，靠近其中一個單間，假裝被該雄性吸引。雄性對她展開熱烈追求，她也配合著雄性跳舞。另一條實驗雌性透過玻璃目睹了兩魚交歡的一切，對那條雄性產生了不可名狀的微妙情感。接著移除暗椿，讓實驗雌性自由地從這兩條雄性中選一個交配，二十次實驗中，有十七次雌性選擇了剛交配過的雄性。為了排除干擾，比如某些雄性可能天生更招異性的青睞，實驗人員讓暗椿配合另一隻雄性也演了一次戲，產生了類似的結果[24]。

雌性對雄性的偏愛可能受到其他雌性的影響，即使她們已經有了心儀的對象，也可能改弦更張。將兩隻雄性孔雀魚放在水族箱裡，讓實驗雌性自由選擇一個配偶。選好後，一肚子壞水的研究人員分開了這對熱戀中的情侶，把一個暗椿放到剛才沒被選中的雄性身邊。實驗雌性在一旁默默觀看，她懷疑剛才自己選錯了配偶，也許現在這個正和別人卿卿我我的雄性品質更高。實驗人員移除暗椿，給實驗雌性最後一次機會選擇伴侶。果然，愛情經不起考驗，實驗雌性變心的比例與對照實驗相比出現了顯著升高。為了避免雌性動物對配偶的興趣隨著交配次數而下降（即喜新厭舊的「柯立芝效應」）所帶來的影響，對照實驗在沒有暗椿的情況下重複測試了實驗雌性的偏愛，發現她還是喜歡第一次就看上的雄性[25]。

年輕的雌性會模仿年長雌性的選擇，反之則不然。實驗人員改進了本節講到的第一個實驗，結果發現當暗椿是年長雌性，實驗對象是年輕雌性時，年輕雌性會模仿年長雌性的選擇。但當暗椿是年輕雌性，實驗對象是年長雌性時，年長雌性並不會被迷惑，選擇結果和對照實驗（即在沒有暗椿的情況下自由選擇）沒有顯著差別[26]。這可能是因為只有年輕的個體會經常向年長的個體學習。

偷窺香豔場面

雖然觀看交配場景可能不會得到太多有用的資訊，但生物對觀看香豔場景有著無盡的興趣。一方面，觀看本身可能帶來性刺激，為那些性經歷不多的雄性提供了另一條產生性愉悅的途徑。另一方面，從觀看中可以學到一些交配技能。

我做實驗時，發現一旦有個雞舍的雞在交配，周圍三個側面雞籠裡的公雞都會擠破頭觀看。

吃飯的、喝水的、打架的、睡覺的，統統放下手中的活，圍在鐵絲籠前，甚至不惜為了搶占最佳觀測位置大打出手。為了保護實驗雞的隱私，我在籠子的三個側面圍了一張深綠色的網子，遮住那群喜歡看交配現場的公雞的視線。然而，有公雞竟然縮著身子從網下面的縫隙鑽了出來，夾在網和鐵絲中間津津有味地看，有的公雞飛到稍遠的樹枝上，伸著脖子看，有些公雞則踮著腳站在高處看。

原先我以為這只是公雞的惡趣味，沒想到的是，母雞也熱衷於此。母雞會啄爛邊緣的網，再把小腦袋塞進來，側著一隻眼聚精會神地看著。要知道，絕大多數交配都是強迫性行為，母雞通

一個雞舍的雞在交配，周圍三個側面雞籠裡的公雞都會擠破頭觀看。

常很厭惡交配發生在自己身上，對公雞往往避之不及，可是為什麼對於觀看其他雞交配卻興致盎然呢？

熱愛偷看的動物不只有雞。演化生物學傾向於給所有動物行為一個合理的解釋：偷窺是為了學習。最簡單的例子，莫過於不諳情事的熊貓透過看「熊貓A片」學習「啪啪啪」的技巧。如果年輕動物不靠偷窺長輩，你以為他們是怎麼學會傳宗接代的？新聞都報導過，發情期大熊貓拒絕交配，看完「熊貓A片」後才首獲愛愛。

儘管如此，學者仍然無法解釋為什麼經驗豐富的動物依然熱衷於偷窺。他們提出了很多假說，但沒有一種可以被完全證實。有研究發現，也許對雄性偷窺者而言，觀看別人「啪啪啪」可以得到雌性是否處於排卵期的準確資訊。

我們那不太近的近親——地中海獼猴習慣在交配時發出叫聲。於是，研究人員有了這樣的假設，雌性在交配的過程中喊叫，說明她正在排卵期。然而透過測量雌性荷爾蒙水準，他們發現這二者並無關係，但是透過分析雌性叫聲的頻率和間隔，卻發現與雄性是否射精有關。雄性射精後，雌性的叫聲是不同的，如果雌性的叫聲沒有變化，也許就給了群體中其他雄性一個信號——雖然該雌性交配了，但是該雄性並未射精，因此精子競爭風險小，其他雄性如有意，倒是可以追求一番。

然而，由於研究人員不能操縱雌性的叫聲或雄性的射精情況，因而無法確認究竟是雌性不同的叫聲導致了雄性射精的差異，還是雄性射精的情況導致了雌性聲音的變化[27]。

另一項研究也找出了叫聲和射精之間的聯繫。研究人員透過觀察雄性的肢體動作，遠程判斷其是否射精，並將射精情況和雌性的叫聲聯繫在一起。他們發現如果雌性不叫，雄性只有一．八％的概率射精；如果雌性叫了，雄性射精的概率高達五九％[28]。

研究者就此提出了兩種假說。第一種假說是，雌性是叫給配偶聽的，叫了之後配偶更可能射精，從而達成交配的最終目的。然而，已有的實驗只能證實二者相關，卻無法確證因果。第二種假說是，在一個沒有隱私的世界裡，雌性是叫給圍觀雄性聽的。多個實驗證明，雌性的叫聲的確可以激發雄性的性欲。

實驗人員把雌猴的叫聲錄下來，然後把雌性隨機分為兩組，一組背景音樂是叫聲，另一組背景音樂是雜音。觀察發現，叫聲組的雌性和數量更多的雄性發生了關係，交配間隔更短。透過短時間和多個雄性交配，雌性得以觸發精子競爭，有助於篩選出品質更高的精子[29]。

可是，圍觀的雄性為什麼管不住自己的眼睛和耳朵，偏偏要被利用？

答案似乎可以理解為這是一個雙向利用的過程。雄性會根據雌性的交配歷史，調整自己的交配策略，掌握的資訊愈多，做出的判斷愈準確。通常，如果雌性可能已經交配過，為了讓自己的精子成功受精的概率增大，雄性必須增加射精量。但如果雌性已經接受了很多雄性的精子，那麼自己一廂情願地增加射精量未必會取得期待的效果，這時候雄性就會摳門很多[30]。

那麼，圍觀的雌性可以從香豔場景中得到什麼呢？

♀為什麼要偷窺？♂

也許對雌性而言，偷窺別人交配可以知道這個雄性品質好不好。有的雄性健康狀況堪憂，根本無力完成交配過程，雌性偷窺者就可以排除他了。有的雄性對雌性十分凶殘，雌性偷窺者就可以遠離他。如果雌性主動對雄性求歡，那麼該雄性很可能有一技之長，可以考慮考慮。

雄性偷窺別人交配固然有一部分生理因素，不過還有一點很重要，那就是透過和別人比較才能認識自己。為什麼別人能找到對象而我不行？我可以從他身上學到什麼？今後相遇，我該戰鬥還是逃跑？

上一節描述的實驗情景中，公雞和母雞都爭相圍觀交配的香豔場景就是個例證。不過，自然條件下，公雞其實不會偷窺其他雞交配，而是直接衝上去把情侶拆散，趁機和雌性交配，如果被暴打一頓，就趕緊逃跑。因為被偷窺的雄性趕走了入侵者後，還要繼續和雌性溫存，所以大概率不會追上來打。

更多情況下，性選擇的雙方更喜歡偷窺的場景是兩個雄性打架。

雄性魚類便是如此。知悉誰是強者、誰是弱者，才能更準確地恃強凌弱。形成一個社會的關鍵在於明確階級，這樣資源配置的矛盾更少。社交能力的一大體現就是找準定位，去做這個位置該做的事情。偷聽得多了，對自我的判斷也更準確一些。

這種偷窺並不限於「高級」的脊椎動物，科學家發現連克氏原螯蝦也可以從紛擾的環境中提取出對自己有用的訊息。

一般情況下，雌性小龍蝦不能一眼看出雄性小龍蝦的品質好壞，簡直是閉著眼睛挑選老公。但如果讓她們有機會偷窺兩個雄性打架，她們大概率會選擇獲勝的一方[31]。同樣的情況在魚類中也有發生[32]。

比武招親是眾多生物採用挑選夫婿的好方法，有的雌性甚至會故意激起兩個雄性為愛決鬥。乍一看，這種策略無本萬利。如果一個雄性戰勝了另一方，雌性就挑選出了好基因，如果兩方都戰死了，雌性離開尋找下一個對象就可以了。

然而，雌性對雄性的擺布並不總是能如願。如果兩個雄性聯合起來，這個雌性就遭殃了。還有些雄性看到雌性在旁邊，連打架都不顧了，屁顛屁顛跑來示好，雌性就得不到想要的結果了。

暴力是對抗的最後一步。如果有可能，雄性會採取更溫和的方式，比如鬥歌。雄性大山雀主要靠唱歌吸引配偶，歌唱比賽的規則是兩個雄性唱歌，聲音能蓋過對方的獲勝。

研究人員把一片林子裡的鳥家庭分為兩組，他們給一組雄性放錄音，錄音的聲音總是蓋過雄性，顯示錄音是贏家，雄性是輸家。另一組剛好相反，雄性一唱歌，錄音就卡帶，錄音只敢在雄性短暫休息的時候唱兩句，顯示錄音是輸家，雄性是贏家。

其實兩組雄性的唱歌品質並無差異，效果全是人為操縱。雄性的配偶們偷窺了這一切，然後萬惡的研究人員就開始分析配偶們的出軌概率，並喜大普奔（網路用語，「喜聞樂見、大快人心、普天同慶、奔走相告」的縮略形式）地發現，以為老公是輸家的配偶更容易出軌，她們的主要出軌對象是贏了的雄性鄰居[33]。

沒有對比，就沒有傷害。有的動物發現後被偷窺後，還會反偵察。在一個實驗裡，雄魚同時有兩條雌魚可以選擇，他總是偏愛其中一條。接著，實驗人員放進了另一條雄魚做觀眾，原先的雄魚卻更多次游向了他不喜歡的那條雌魚，做錯誤的誘導[34]。

為了迷惑敵人，他假裝和不喜歡的雌性調情，防止對手看出自己真正喜歡的是誰，以便暗渡陳倉，轉移火力[35]。就像發現有人在抄你的試卷，你不但不遮起來，反而寫了錯誤答案大方地給別人抄。

有實驗進一步指出，附近的潛在偷窺者愈多，雄性愈容易給出假信號，而且反偵察能力貌似和性格有關，膽大的雄性更會騙人[36]。

這何止是竊聽風雲，簡直就是演藝圈風雲。

第三章

正義與宏觀規則

森嚴的社會等級

窺探與作弊行為對被觀測者的傷害，輕則隱私洩漏，重則喪命。一個理想的社會應該禁止作弊，每個個體憑藉自己的誠實勞動獲得應有的收益。但在亂象叢生的社會建立規則從來都不是一件容易的事情，因而幾乎所有的社會性動物都會建立社會等級制度。

我的研究對象是原雞，他們是家養雞的祖先。原雞有嚴格的線性啄序。線性啄序指的是群體中的雞都有自己的排位，老大高於其他所有雞，老二高於除了老大之外的所有雞。依此類推，直到地位最低的雞。地位高的雞可以優先占有資源，操縱地位低的雞的生活。啄序最初是用來描述母雞的，後來人們發現公雞也有這樣的地位排序[37]。從原雞的一生可以窺見性選擇的殘酷。

二十隻兩歲的年輕公雞正式戴上腳環，自此擁有了獨立的身分。他們即將被送往險惡的江湖、閉塞的男子監獄，在此之前，他們閒適地在單獨的小牢房生活了兩年。雖說雞仔也分階級，但年小力弱並不能造成惡劣的結果。況且階級一旦確立，武力事件便漸少發生，除非有誰妄想提升階級。可惜小霸王的日子到頭了，大型男子監獄有五十隻老雞等待著他們，其中最年長的已有十一歲，經歷了無數次政權交替。這絕不僅僅因為他運氣好，也必定是他的體力過人，而是熟諳「雞情世故」，無論世道如何變遷，風水如何輪轉，都能化險為夷。

可是年輕雞不懂分寸啊。

年輕雞不明白新人就該低頭，你和老雞搶位置，你升一等，別人便要降一等，你做老大，所有老雞都降一等。侵犯多數人利益的結果就是——老雞聯合起來弄死新來的。

二十隻年輕雞中有五隻丟了眼睛。老雞們知道自己體力一日不如一日，新雞若不能為我所用，他日必為我害。獨眼雞永遠做不成頭雞。那些不知天高地厚的後生們儘管體力上占了優勢，卻被精於算計的老雞先發制人，粉碎了日後稱王的希望。

一週後，一隻年輕的公雞被撕去整個雞冠後頑強地活了下來。他像個禿頂的老頭，不僅在母雞面前沒有半點吸引力，連我看了都無法忍住不笑。古代鬥雞需要移去雞冠和肉垂，防止這些血管豐富的器官被敵人攻擊，大出血而死。年輕的公雞雖然毀容了，但也封閉了阿基里斯之踵（Achilles’ Heel）。對大部分公雞而言，一生中沒有幾次機會可以接觸母雞，就算有，他們也等不及色誘母雞，試圖強行交配。

但不是所有公雞都這麼幸運能倖存，另一隻年輕的公雞幾乎被迫絕食而死。他得罪了頭雞，頭雞率領著一幫跟班禁止年輕雞吃飯、喝水。他被發現時已經奄奄一息，吃不了東西就沒力氣打架，沒力氣打架更吃不了東西。他又沒有兩肋插刀的朋友，誰能冒著惹禍上身的危險雪中送炭呢？雞，不落井下石就算得上高尚了。飼養員把他送到特護雞舍養了幾天，最終還是死了。

弱一定會死，強卻未必能壽終正寢。大型監獄是中年雞的主場，雞若年老還不願意退位，便會被篡權者打死。倘若頭雞有幾個忠實的屬下，或許可以撐得久一些；若沒有，以一敵百也活不下來。沒有集權制度做為支持，頭雞的尊貴地位轉瞬即逝。一隻曾經的頭雞腦袋上被啄了個大窟窿，孤獨地倒在血泊中。其餘的雞不論老小，皆上前吞食了一些羽毛。他們不會放過任何一個欺負同類的機會，哪怕是一隻死雞。

年輕雞多半性格偏執。公雞M4格外好鬥，他一身短毛，因為羽毛被圍追堵截的各路公雞吃得差不多了。他渾身骯髒，因為其他的雞不讓他洗澡。在沙石地裡打滾可以清潔羽毛，是雞的重要休閒方式之一。有些霸王雞專以打斷別人洗澡為樂。M4在淪落至此之前，草木皆兵，逢雞便打，殊不知自己再怎麼厲害也抵不過群毆，打不過只能飛到樹枝上，不敢下來吃東西。老雞們把守了食物和水源，新雞不聽話就餓著。

我想幫他一把，把他納入了我的實驗，實驗安排是兩隻雞共用一個雞舍。他打起架來不要命，另一隻雞M19根本不是他的對手，恨不得鑽到地縫裡躲避他的攻擊，惶惶不可終日。M4享有一切優先權，當年那些老雞怎麼對他的，他加倍算到M19身上。他阻止M19吃飯、喝水，一圈又一圈追著他跑，連根拔起他的羽毛，啄破他的肛門。我們出手解救了M19，換進去一隻中年雞J8。年輕氣盛的M4故技重施，不給J8一刻安寧。第二天，他便偷襲啄瞎了J8的眼睛。我們終止了實驗，M4被送回大型男子監獄，立時便有數十隻公雞陣勢浩大地追在他後面撕咬。

年輕雞M21也格外好鬥，我明白膽小活不下去，一切都是為了自保。但他懟天、懟地、懟人類，就罪無可恕了。好幾次，他用盡全身力氣朝我的小腿衝來，小小的身體創造出那麼大的力氣，真是令人吃驚。他顫顫巍巍地立住，回頭得意地看著我。他這樣攻擊飼養員，也許是攻擊人類可以提升自己的階級地位，也許是被狡詐的老雞教唆，也許是性格使然。出於倫理規範，人不會還手；雖然他的小算盤打得很好，但人類可以殺了他。最終出於無奈，導師在他的名字後面畫了一個圈，襲擊人類，秋後處斬。

不是所有的新雞下場都這麼悲慘。一隻新雞M17頂著大朵鮮豔的雞冠，上面沒有黑點。黑點是打鬥的痕跡，兩雞相鬥首先互啄雞冠，傷口結痂後會變黑，而M17的雞冠是完好的。老雞怎麼會允許年輕帥雞存在，既沒有啄瞎他的眼睛，也沒有撕扯他的羽毛，咬爛他的雞冠。中年雞憎恨小鮮肉強壯的體魄，即使你不招惹他，光憑你帥這一點，他就有理由來找碴。M17的地位還不低，甚至可以欺負一些軟弱的老雞，這就更奇怪了。大家都傷痕累累，他怎麼能獨善其身？也許是圓滑的處世技巧使其免受攻擊？他是個謎，可能擁有打娘胎裡帶來的「雞情世故」。

K48是容納了十隻雞的小雞舍中的頭雞，過著呼風喚雨的生活。因為實驗，我們將他單獨關了一段時間，實驗結束把他送回原來的雞舍，但由於程序上的失誤，我們將他投入了陌生的雞舍。隻身闖匪窩，他還以為自己是老大，K48主動挑戰新雞舍裡的頭雞，不一會兒就把他制服了，接著又打老二、老三，車輪戰單挑了所有的雞，他都贏了。可是結果並非他坐上第一把交椅，原來的老大、老二聯合起來猛攻K48，他腹背受敵。其餘的小嘍囉也動不動進來摻和一腳，一來可以媚上，二來雞天生就是要啄其他的雞。K48不敵群毆，落魄地躲避到樹枝上，餓了幾天，所幸被我們發現，送回原來的雞舍了。

前文所說瞎了一隻眼的J8被送入特護雞舍，裡面都是沒有力氣打架的老弱病殘。誰知剛放進去幾個小時，就發現J8倒栽蔥摔在地上，兩腳朝天，我們還以為他死了。原來他從樹枝上飛下來時，腳不慎纏進了裝生菜的網兜，於是腦袋著地，腳懸空。我們懷疑有雞故意逼他飛離樹枝，慌忙之中犯了錯誤。我們檢查他的健康狀況時，發現他的肛門全是血。這些病雞趁他無法反抗時，啄破了他的肛門。欺負別人使他們快樂，儘管被欺負使他們痛苦。他們不欺負別的雞不是因為心善，只是沒機會。

雞群中，同性性行為絕不罕見，尤其是公雞。這些同性性行為與建立等級有關。一般的交配過程中，公雞會先咬住母雞的雞冠，再跳到背上，最後壓下尾巴。同性之間咬雞冠通常是明顯的攻擊行為。如果是面對面咬住對方的雞冠，多半是打鬥；若是從後面追著咬就難說了，而公雞咬住另一隻公雞的雞冠，並且雙腳踩在他背上，就有很明顯的性意味了。但交配的正式過程很難實現，身下驚慌的公雞會不惜一切代價甩掉身上的公雞，背上那隻難以保持平衡。成功的情況也有，有次我們發現事畢後，下位的公雞羽毛上灑滿了精液。有些公雞更容易被上，比如L37，一隻中年公雞，在大型監獄裡，僅我目擊，他就被上了兩次。可惜的是，後來他的嗉受了重傷，被判處安樂死了。如果說這些同性性行為是因群體中沒有母雞，公雞退而求其次，那麼說不通的是，為什麼在有母雞時，公雞也經常發生同性性行為？同樣說不通的是，為什麼母雞也會有類似行為？也許性行為的目的不僅是繁衍後代，也是情感交流，以及征服。

母雞也有等級，等級也是打出來的，倘若地位低的雞敢搶先吃東西，便會被地位高的母雞啄一頓。母雞特別喜歡吃雞蛋，乍一聽覺得違反常識，但雞蛋富含蛋白質，她們多吃雞蛋有助於多下蛋。最開始的吃蛋行為可能源於蛋意外破了之後的廢物利用。一旦母雞知道蛋很好吃，便會主動啄碎雞蛋，當然不是自己的蛋。母雞下蛋之後會在方圓幾十公分處轉悠，一旦有其他母雞意圖不軌就衝上去嚇退入侵者。地位低的雞不敢啄頭雞的蛋，頭雞卻可以自由地啄所有雞的蛋。有一隻母雞蹲在自己的蛋旁邊，頭雞威武地走過來，重重地啄了她的腦袋，她害怕地逃走了，眼看著頭雞將雞蛋一啄致命，流動的蛋液從破碎的蛋殼裡嘩嘩地流出來，其餘母雞一擁而上，不到一分鐘，一顆蛋就被吃光了。

弱者們之間並不相互同情，有時還會疊加上性別的暴力。H28是獨眼公雞，和另外九隻公雞同處一室，他的地位最低，所有的雞不高興了都可以來啄他。我曾兩次看到頭雞滿場追著H28跑，上天入地都不放過他，他只能全天待在斜靠牆壁的柵欄上。這裡是最不舒服的所在，只有寬五公分、長五十公分的區域可以活動，站在這裡需要花一番功夫保持平衡。但好處是此處不適合打架，容易掉下來，是暫時的平安之所。我和我的暑期學生做行為觀測時，發現H28對人類極盡諂媚，毫不逃避人類的撫摸，並自得其樂地站在人類的大腿上。我們同情他是弱者，不想看著他受欺負，於是把他加入一組實驗。每隻公雞有單人房，沒人可以欺負他們，定期還有母雞上門服務。這時他的醜陋面目展現出來了，獨自面對毫無反抗能力的母雞時，H28極端殘暴，他拔去母雞新生的羽毛，撕扯母雞背部裸露的皮膚，咬去母雞的雞冠。母雞鮮血淋漓，他享受著母雞驚恐的嘶叫。我們不得不多次中斷實驗。欺負別的同類是雞的天性，暴力寫在他們基因裡，總要找個地方發洩出來。

原雞絕大多數性行為都是強姦。我們做的是交配實驗，母雞見我們如見瘟神，公雞見我們如見財神。年輕的母雞M43一開始見人就咬，但中年母雞見過的世面多，知道反抗無效，並不過多掙扎，實驗做完，她們會得到應有的獎勵「蟲子大餐」。公雞也是用蟲子利誘母雞交配的。M43參與實驗已經二十天了，她放棄了掙扎。貞節烈雞終究抵禦不過生活的碾壓。

年輕雞偏執，老年雞中庸，到底是我們終會被生活磨平稜角，還是不屈服的都死於非命？

規則如果過界，是否就成為壓制？強者不受約束，是否會產生新的不公？

強者制定的規則

演化常常意味著強者制定規則，而且他們總能圓融地解釋為什麼應該如此這般。兩個雄性打架，戰勝者會說：我們的規則就是男子氣概，誰更孔武有力，誰就可以抱得美人歸。戰敗者爭辯說：這規則太不公平，我不擅長打架，但是跑得很快，要不我們比賽跑。戰勝者才不聽他分說，立即把他攆走，戰敗者的特長在逃跑這一情景下發揮得淋漓盡致。

學界雖早已不認為進化有方向之分，對「evolution」的翻譯也由進化改成演化，但由於「進化」一詞已深入人心，本書有時也會使用「進化」。說到演化，就不得不提達爾文。很多生物中，雌性是被雄性追求的對象。達爾文提出的性選擇可分為兩個方面，同性競爭和雌性選擇。

同性競爭與打鬥能力直接相關，雄性天生好鬥，尤其在發情期，時刻欲置對手於死地。自然選擇贏的是江山，性選擇贏的是美人，沒有美人就沒有後代，那麼贏得的江山該傳給誰呢？性選擇對於雄性是殘忍的，因為它的作用就是篩選最好的雄性，一小部分雄性占有多數的卵子，其餘大都成了炮灰。輸，就沒有交配權，故雄性不惜以性命為代價展開競爭。

雄性的武器在同性競爭中顯得尤為重要，許多雄雞腳上擁有銳利的距，是打鬥的致命武器。斯氏原雞以超強的戰鬥力著名，角鬥會持續到一方戰死。另一種好鬥的印度石雞，成年雄性的胸脯上常常傷痕累累。距不僅可以打敗對手，還可以保護配偶、孩子不受傷害。據記載，一隻驍勇的雄雞曾一腳踢穿了一隻妄圖襲擊小雞的鳶的頭骨。

蜂鳥在爭奪配偶的過程中，顯示出和小巧身材不相符的凶殘，兩隻雄性蜂鳥空中相遇必有一場惡戰，他們咬住對方的喙不放，因受力不均而在空中來回旋轉，戰鬥結果多半是其中一隻的舌頭被撕裂，痛苦地死於無法進食。

為了爭奪配偶，雄蝴蝶也毫不手軟，憤怒的雄蝴蝶圍著彼此轉圈，即使翅膀在打鬥過程中撕裂也在所不惜。蜥蜴的戰爭通常以一方尾巴斷裂而結束，勝利者會把失敗者的尾巴吃掉。

直接的身體對抗並不是每次都有，社會性生物擁有社會等級制度，會分配生殖資源。一九二二年，科學家首次提出了社會支配制度的概念，根據社會支配制度[38, 39]，排名最末的雄性只能吃別人的殘羹剩飯，看著異性和老大哥纏綿，自己卻心有餘而力不足。雖然處處受欺壓，但生活在群體之中，仍比做為個體單打獨鬥強。一個人在野外遊蕩，很可能被天敵盯上，結局多半是掛了，而一群動物在野外遊蕩，遇到敵人通常只會損失幾個成員，大部分成員可以倖存。群體聚集可以降低個體被捕食的概率[40]。有社會動物的地方就有江湖，既然選擇了做社會動物，就要有做不成統治者必淪為被統治者的覺悟。

許多生物中，雌性會偏愛社會地位高的雄性，雌性辛辛苦苦挑來揀去就是為了給寶寶找個好爹，而頭號雄性擁有的社會資源最多，自身的遺傳物質也可能更好。在強姦行為普遍的物種中，雌性的這種偏好更明顯，因為社會地位高的雄性能提供更好的保護，降低雌性被性騷擾的概率。但如果該雄性後宮中已有很多雌性了，雌性就會轉而考慮下一個地位還算高又比較專一的雄性。因為有限的社會資源要和那麼多雌性一起分享，萬一雄性無法做到雨露均沾，自己能不能懷孕都成問題。

靈長類動物中，生活在底層的雄性承受了更大的精神壓力，他們需要時不時忍受來自上層雄性的打罵、欺壓和剝削，老大一個眼神就可以嚇死小人物。他們缺乏對生命的掌控力，沒有改變社會的能力，無時無刻不在勤勤懇懇地工作，唯一的發洩就是欺負比他們更弱小的猿類，那最底層的雄性又去欺負誰呢？其實小人物的願望很簡單，他們希望能住得離老大遠一些，享受一點點自由，擁有自己的妻子，過平凡的小日子。階級地位始終是他們相親途中最大的障礙，找對象難，找到對象、不被打擾地交配更難。

一個繁殖季只有不到三分之一的象海豹有交配機會，五頭優勢雄性象海豹交配次數超過了群體總交配次數的一半。交配頻率和社會地位正相關，老大擁有最多的交配機會，可怕的是，如果老大活了幾個繁殖季，就會一直霸占交配權。有些雄性可能還沒來得及體驗性的歡愉，就以處男之身死去了[41]。他們夢想著自己的兒子有一天能逆襲，可是夢終究是夢，他們一出生身上就戴著沉重的枷鎖。

社會等級也能世襲？

研究人員發現，社會地位高的父親更可能生出社會地位高的兒子，社會地位低的父親更可能生出社會地位低的兒子。他們以鹿白足鼠為實驗對象，父代（S0代）由一群遺傳物質相近的雌性（姐妹）隨機和一群雄性（與社會地位無關）交配產生。接下來，S0代雄性隨機兩兩配對，根據攻擊行為確定誰是優勢雄性，誰是劣勢雄性。發起更多攻擊行為、一段時間內總是勝利的為優勢雄性。然後，分別讓S0代雄性與一群遺傳物質相近的雌性（姐妹）交配，再從每個雄性中挑選一個雄性後代參與後續實驗。重複上述過程直到生出第四代雄性，結果發現S1代、S2代、S3代、S4代分別有七一．四％（$\frac{15}{21}$）、七五％（$\frac{9}{12}$）、八七．五％（$\frac{7}{8}$）、八五．七％（$\frac{6}{7}$）的優勢雄性有一個同樣是優勢雄性的爹。因為樣本一代比一代小，該差異有兩組是顯著的。實驗排除了雌性因素和環境因素，差異可認為由遺傳因素造成[42]。

無獨有偶，灰色庭蠊中也發現了類似的社會地位可遺傳現象。實驗方法與上述過程類似，雌性隨機和雄性交配產生父代（P1），接著隨機選兩隻P1雄性，讓他們打一架確定地位，再分別與雌性交配。然後，把優勢雄性的兒子和劣勢雄性的兒子配對打架，四十次較量中，八五％（$\frac{34}{40}$）的勝利者都有一個優勢爹。該結果是顯著的，說明父親的社會地位與兒子的社會地位有聯繫。不僅如此，研究人員還發現優勢雄性更受雌性青睞，成功交配概率更高，追求雌性花費的時間更短，交配的時間更久，交配後和雌性相處時間也更久。更有甚者，研究人員發現求偶能力也能遺傳。父親容易被雌性接受，兒子通常也風流倜儻；父親頻頻被雌性拒絕，兒子通常也情場失意。有些雄性頻頻被妹子拒絕，最後在研究人員的幫助下，耗時多天終於成功交配。結果發現，雌性被迫和不喜歡的雄性交配後，生下的兒子有三四．四%（$\frac{11}{32}$）也找不到配偶。而雌性和喜歡的雄性交配後，生下的兒子只有三．八%（$\frac{4}{106}$）找不到配偶[43]。

當然，有些科學家立馬提出了反對意見，認為地位高的老爹更容易生出地位高的兒子，不代表社會地位是可遺傳的。很多特徵都可能影響一個個體的社會地位，比如體形大小、肌肉強壯程度、警覺性、智力、體味，這些因素綜合作用，才能在特定的時代產生特定的領導者。我們能說身高可遺傳，但不能說社會地位可遺傳。社會地位是相對的，你比我好，你就占優勢；他比你好，你就居劣勢。再者，動物的一生既要靠自身奮鬥，也要考慮歷史的進程，一個時代的佼佼者錯生另一個時代可能就碌碌無為了。實驗室的環境太過簡化，評價標準太單一，結果可能不足以令人完全信服[44]。

憑藉什麼劃分等級，暴力、智謀、社會關係，究竟什麼樣的標準才可以使參與者都感到滿意？劃分了等級，難道強者就能壟斷所有資源嗎？怎樣的資源配置才最穩定？

♀顏值即正義？♂

儘管資源配置的倫理問題並未解決，但資源配置卻時時刻刻在真實世界中發生，社會性動物中，社會等級高的雄性擁有交配優先權。擁有交配優先權的雄性往往對雌性的要求更加嚴苛，那麼雄性究竟喜歡什麼樣的雌性呢？

長久以來，學界認為雄性對配偶不加挑選，是永恆的追求者。雖然似乎和人類的經驗相左，但自達爾文提出性選擇理論後，無數的生物學家前仆後繼地證實了雄性動物追逐雌性時毫不講究。近親繁殖？不在乎的。顏值？不在乎的。體重？不在乎的。年齡？不在乎的。

精子和卵子的數量差異懸殊，存在不成比例的能量投入。精子，彷彿取之不盡、用之不竭，雄性渴望的只是能夠交配的對象。然而，不是所有雄性動物都饑不擇食，不是所有男性都有權選擇。雄性選擇的第一道關卡是，可交配的雌性數量和自身精子數量的對比。比如，皇帝坐擁三千佳麗，後宮數量已超出了皇帝的能力，必然有一部分女人被選擇，一部分不被選擇，一部分被選擇得多，一部分被選擇得少。但絕大部分雄性都倒在第一關，雄性的生殖成功和交配次數正相關。雄性最佳交配頻率通常高於雌性，於是雌性成了稀有資源，成了雄性爭奪的對象。雄性面對的生殖競爭也十分殘酷，頂層的二〇％雄性成了八〇％寶寶的爹，就是說對絕大多數雄性而言，交配次數遠遠達不到自身需求，一旦有交配機會，必定不遺餘力。所以在無數驗證雄性選擇的實驗中，雄性並不展示任何偏好，就像一個餓得半死的人，面前是一盤饅頭也吃，一盤魚翅也吃。

少數闖關成功者面臨的第二道難題是，雌性有沒有差異？假設雌性沒有差異，那麼選誰都一樣，隨機挑就可以，但這種情況很少。個體差異是維持演化的基石。那麼有差異的時候，挑品質高的不就行了嗎？但問題在於，你怎麼評判誰的品質高，誰的品質低？比如，理論上處於排卵期的雌性比非排卵期的雌性吸引力高，能夠辨別排卵期的雄性有更大可能當爹，但是很多雌性隱藏了排卵期，雄性想獲知準確資訊的成本很高，正確率很低，於是被迫放棄了篩選。只有在雌性釋放了容易被察覺的、準確的魅力信號時，雄性才能夠選擇。比如，理論上年輕的成年雌性生育力更強，交配次數更少，精子競爭風險低，性傳播疾病感染率低。年齡是個誠實的信號，很難造假。於是雄性在有選擇的情況下，更喜歡和年輕雌性交配[45]。

和寥寥的交配機會相比，雄性的精子確實很過剩，包括人類在內的很多靈長類都擁有豐富的自我排遣方式。雖然絕大多數雄性意淫的對象都是年輕、漂亮、性感、豐滿、健康、沒有親緣關係、社會地位高、有新鮮感的處女，但大部分雄性終其一生都在性的貧困線上掙扎。

縱然現實中機會寥寥，但是雄性仍舊對異性的外貌有天生的評判，這種選擇有什麼作用呢？

一份一九七〇年的美國調查顯示，顏值高的女性收入比顏值中等的女性顯著高八％，顏值低的女性收入比顏值中等的女性顯著低四％；顏值高的男性收入比顏值中等的男性顯著高四％，但顏值低的男性收入比顏值中等的男性收入顯著低一三％[46]。這意味著女性更需要追求外表的完美，因為成為美女帶來的收入效應更顯著，而男性只需要保證自己不醜就行，因為帥氣的外表並不會給收入帶來顯著影響。

生物學家和心理學家一直困惑，美的演化學意義是什麼？也許美的個體更健康、更聰明、社會地位更高，美是適合交配的信號，又或許只是生物偏愛美的個體。從性選擇的角度看，女性更注重男性的社會地位，因為男性的社會地位和他能提供多少資源給後代相關；男性則更注重女性的生育能力，比如年齡、腰臀比、乳房大小，這和後代數量與品質相關。但這不能解釋為什麼我們生活在一個看臉的世界。

什麼是美？美該如何衡量？二十世紀末，科學家提出了兩個假說：第一，對稱的臉是美的[47]；

第二，大眾化的臉是美的[48]。

在科學家看來，對稱的身體更健康，因為疾病會導致身體的不對稱，比如發育問題、免疫疾病、殘疾、腫瘤、炎症、感染、寄生蟲等。個體對稱性可能是反映其健康水準的可靠信號[49]。另外，有研究認為對稱的人可能更聰明。研究人員讓被試者參加一項認知能力測試，發現長得愈不對稱的人分數愈低[50]。因此美可能是健康和睿智的信號。

科學家也認為大眾化的臉可能和雜合子效應有關，雜合指同一個位點有兩個及兩個以上等位基因。理論上，一個個體的基因型愈雜合，免疫系統愈強，能抵禦的病原體種類愈多。長得愈大眾，基因可能愈雜合，抵抗疾病的能力愈強。

然而，實驗結果和預期卻不怎麼吻合。實驗人員讓被試者給真人照片和人工合成照片（根據半臉人工合成全臉，完全對稱）的顏值評分。男性認為女性的合成照片比真人照片更美（偏好對稱），女性卻認為男性的真人照片比合成的更美[47]。另一項實驗得出了相反的結果，實驗人員讓被試者聞異性的衣服，並按照對氣味的喜愛程度評分，發現女性更喜歡身體對稱的男性的氣味，男性卻沒有明顯偏好[49]。

第二個假說也沒有被證實，實驗人員測量了每一張真人照片的眼間距、鼻間距等六個資料，根據它們和平均值的差異做出大眾化評分，並讓被試者對每一張照片進行顏值評分。結果顯示，女性並不偏愛長著一張大眾臉的男性，她們更喜歡有鮮明男性特質的男人臉（偏離平均值），顏值分數和大眾化評分負相關。男人則沒有這方面的偏好[47]。

直覺上美應該有意義，否則我們為什麼要投入大量時間與金錢買衣服、化妝，甚至整容，讓自己變得更美？如果美是健康的信號，而美又如此稀有，那麼這種信號是否有被廣泛應用的價值？如果美對於生存沒有助益，在演化的荊棘之路上，美為何沒有丟失？

統計學意義上對稱的臉可能更美，但美的臉不一定是對稱的，對稱的臉不一定是美的，對稱根本就不能解釋美。無數照片合成的大眾臉是沒有瑕疵的路人臉，但現實中的美千差萬別、各有特色。儘管我們看到一張臉可以立即說出美還是不美，卻不知道該怎麼定義美。

動物界通常雄性要比雌性花費更多精力在外貌上，他們發育出昂貴而美麗的裝飾品吸引雌性注意。為什麼人類社會女人在外貌上花費的金錢是男人的數倍？

一往情深還是喜新厭舊

除了外在容貌，雄性動物對雌性還會喜新厭舊，比如，養雞場的種公雞，就站上了雄性動物的巔峰。據說，美國柯立芝總統夫人曾前往一家農場參觀，發現一隻公雞鬥志昂揚地交配，一直不停歇，她羨慕地望著雞舍，動情地問農場主：「牠一天可以做多少次？」農場主驕傲地說：「那可數不清！」總統夫人略帶埋怨地說：「下次柯立芝來參觀，一定要把這件事告訴他！」

柯立芝總統來參觀時，農場主如實以告，柯立芝不屑地問：「難道牠每次都和同一隻母雞交配嗎？」農場主回答：「當然不是啦，每次都不一樣呢！」總統憤憤地說：「這不就得了，把這件事也告訴她！」

公雞見到一隻素未謀面的母雞，無法抑制身體的衝動，對其展開猛烈的追求。驚慌失措的母雞拔腿就跑，可是小短腿和肥屁股卻拖了後腿。公雞一個三級跳躍上母雞背，短短幾秒鐘交配結束後，公雞長吁一口氣，悠閒地踱步。他並不享受二雞世界的美妙，心裡嚮往著一些新的刺激。

但他的欲望滔滔不絕，第二次又輕鬆地在這隻母雞身上發洩了欲望。欲望像不斷湧出的泉水一樣拍打著他的小腹，他仔細端詳母雞性冷淡的面龐，怎麼還是妳？他像尿急卻找不到廁所的人一樣，不情不願地又跨上她的背。他發誓不會有第四次了，整整十分鐘，他覺得自己像一隻被閹割的老公雞，喪失了生命的脈動。

研究人員帶走了那隻他已厭倦的母雞，他眼巴巴地望著研究人員，他們又拿來一隻母雞，他迫不及待上前撩妹，定睛一看，還是原來那隻，心中小小的希望火苗瞬間被澆滅。研究人員再次移走這

雄性似乎總對追求新伴侶充滿熱忱，這被稱為「柯立芝效應」。

隻母雞，換了一隻新母雞，原本生無可戀的公雞立刻滿血復活，再展雄風。可惜好景不長，沒過多久，他又厭倦了。研究人員得出結論，公雞顯著地偏好新歡、嫌棄舊愛。這種差異和更換母雞的過程無關，因為把原來的母雞移出去再移回來，並不會增加公雞的「性趣」。研究人員還發現，精打細算的公雞和同一隻母雞交配多次後會愈來愈摳門，精液體積減少，精子數量減少，甚至光注水而不帶有活性精子，卻讓雌性產生精子很多的錯覺，從而推遲和其他雄性再交配，深刻貫徹「占著茅坑不拉屎，出了茅坑要鎖門」的理念宗旨[30]。這就是柯立芝效應。

柯立芝效應廣泛存在於生物界。一九五六年，兩位科學家研究了大鼠連續交配多少次會精疲力竭。平均而言，大鼠射精六．九次、插入四十一．七次後，就不再和同一隻雌性交配[51]。一九六二年，另一位科學家改進了這個實驗，在雄性對同一隻雌性喪失性趣十五分鐘後，更換一隻新的雌性，結果發現，大鼠再次衰竭前的射精次數增加到十二．四次，插入次數增加到八十五．五次[52]。這一發現讓學界炸開了鍋，有學者引用柯立芝效應為人類無止境追求新的伴侶正名[53]，也有學者鄙夷這種做法，勸告人們不要為婚外情開脫[54]。

人們的固有印象裡，雄性的配偶數量愈多愈成功，故成年雄性不是在交配，就是在去交配的路上。可這是為什麼呢？

當雄性和一個雌性交配結束，雄性面臨兩個選擇，留或走。留下，意味著和同一個雌性反覆交配；走，則意味打一槍換一個地方。

站在雄性的角度，若每天擁有無限量的雌性，則配偶數目愈多，收益愈大。假設雌性在同一個可孕期間內平均已經交配了N次，每次交配導致受精的概率相等，那麼雄性投資在同一個雌性身上的精子獲得的回報是遞減的。他和第一個雌性交配一次，收益為1/(N+1)，和她再交配一次，收益之和為2/(N+2)，第二次交配的收益為N/(N+1)(N+2)。但如果他在第二次交配時換了一個新的雌性，那麼第一次交配的收益為1/(N+1)，兩次與不同雌性交配的收益總和則為2/(N+1)，大於和同一個雌性交配兩次的收益，所以花心是最優策略。

不過現實中哪有那樣的好事。雄性尋覓配偶道阻且長，和已交配過一次的雌性交配成本更低。雌性沒走遠，可以再來一次，雌性準備跑了，便死皮賴臉跟著，既有利於方便快捷地再次交配，也可以防止其他雄性來占便宜。萬一走著走著遇到了新的雌性，還能夠馬上見異思遷。如果交配一次就決裂，揚言要找下一春，冒的風險就是走過了夏秋冬依然見不到春。再說了，發情道路上雄性展示歌喉、舞姿、皮囊，吸引的不只是雌性，還有捕食者。「生命誠可貴，愛情價更高」，通常是不成立的。

影響雄性決策的最重要因素是容易成功交配的雌性有多少，而這又和雌性數量、分布密度、濫交程度相關。雄性若混跡於數量可觀的育齡期、無血緣關係的雌性間，久而久之，便傾向於花心；若翻山越嶺十天半月才能遇見一個雌性，久而久之，便傾向於專情。

最懂雄性心思的學屆泰斗唐納德．迪斯伯里（Donald A. Dewsbury）做了一個簡單的模型，雌性鹿鼠每胎平均生育五．三個後代，只交配過一次的有四二%的概率懷孕，交配兩次及以上的有九二%的概率懷孕。

假設目標雄性有四次交配機會，同時有四個雌性可供選擇。在沒有精子競爭的情況下（雌性沒有和其他雄性交配過），和兩個雌性分別交配兩次收益最大，可獲得九．七六個後代，和四個雌性分別交配一次的收益只有八．九二個後代。可是如果這四個雌性都交配了四次且包含目標雄性，那麼目標雄性只和一個雌性交配的收益最大，有四．八八個後代。如果四個雌性都已經交配了四次且不包含目標雄性，則雄性和四個雌性分別交配一次的收益最大，有三．九二個後代[55]。

當然，不是所有動物都有見異思遷的本性，一夫一妻制動物就對配偶忠誠得很。因此，是否存在柯立芝效應，可以做為判斷一夫一妻制生物的重要依據[56]。比如，能形成長期配偶關係的東南白足鼠就不會見一個愛一個（雖然後來發現他們並不是嚴格的一夫一妻制生物），和老伴做不動了之後，即使換一個新的雌性還是做不動[57]。一夫一妻制的草原田鼠甚至更喜歡老伴，即使筋疲力盡了，為了不讓老伴傷心，還會勉強做一次。

雌性有沒有柯立芝效應呢？對很多物種而言，有，但是沒有雄性那麼明顯。不過有幾種生物是例外，雌性有明顯的柯立芝效應，雄性卻沒有，比如雙斑蟋蟀。蟋蟀是多夫制生物，多夫制有諸多好處，發情期的雄性會產生營養豐富的精子囊，這是雌性求之不得的「美味」。產卵所需的營養很大一部分由消化精子囊而來。雄性產生精子囊要花大工夫，平均三．二五小時才能產生一個新的，所以短時間內無法連續交配。雌性如果在一次交配中沒有滿足，就會立刻甩掉前男友，繼續尋找下一個有精子囊的雄性，哪怕實驗人員把交配過的兩隻蟋蟀分開十二個小時再讓他們相遇，雌性還是更喜歡從來沒有見過的雄性[58]。有學者質疑該實驗會不會是雄性交配之後不再搭理雌性，所以雌性才離開。因此，研究人員又補做了一組實驗，結果發現雄性蟋蟀沒有出現柯立芝效應，對新歡和舊愛求偶的殷勤程度及產生的精子囊大小並沒有顯著差異[59]。這是為什麼呢？

雌性蟋蟀有一肚子卵，雄性蟋蟀每次只有一個精子囊。產生精子囊要耗費大量能量，對雄性的生存造成影響，生殖代價的升高使雄性成為弱勢性別。雌性蟋蟀在交配中擁有更大的控制權，雌性交配次數愈多或配偶愈多，產卵就愈多。而雄性蟋蟀精子囊數量有限，在一個雌性身上投資所有的精子囊和在不同雌性身上各投資一個精子囊，後代數量可能差異並不大。

由此可得出的一些不嚴謹的啟示，雌性極度忠貞時，雄性的最佳策略是適度花心，不能一味追求數量，而要對每個雌性都有足夠的關懷。當雌性適度花心時，雄性的最佳策略是忠貞，辛勤地守護伴侶，嚴防性騷擾。而當雌性極度濫交時，雄性的最佳策略也是濫交。交配策略受種群密度、性別比、壽命等影響，也間接地受地理、食物、天敵等環境影響，最佳策略永遠是相對於環境而言的。

社會地位高的雄性可以自由追求生育能力更強、容貌更出眾的雌性，可以新歡舊愛不斷，而社會地位低的雄性如果不想孤獨終老，就只能採取一些「不正當」競爭手段嗎？

不一定。

第四章

對宏觀規則的反抗

精子競爭

自然選擇常常意味著強者制定規則，贏者通吃，壟斷交配與繁殖的權利。但所幸性選擇不止有宏觀規則（社會地位、等級與力量強弱等）產生作用。

除了宏觀尺度上的競爭，微觀尺度上也有競爭，因此便有了逆襲的可能。一九七〇年，英國演化生物學家派克爾（G. A. Parker）在濫交和一妻多夫的物種中發現了精子競爭[60]，不同雄性的精子在雌性的生殖道中賽跑，力求使卵細胞受精。精子數量愈多、跑得愈快、活得愈久，取得最終勝利的可能性愈大。

精子競爭有兩種模式：第一種是公平競爭，憑藉精子的相對數量、速度和壽命爭奪受精權；第二種是不公平競爭。公平競爭下，受精概率與精子數量成正比。不公平競爭下，受精概率還和交配順序相關，這又分為兩種情況——先進者優勢和後進者優勢。先進者優勢指第一個交配的雄性最有可能成功，比如有的雄性交配之後會在雌性體內留下交配栓，阻止其再交配。後進者優勢指最後一個交配的雄性最有可能成功，他會把其餘雄性留在雌性體內的精子都清除，只留下自己的。有先進者優勢的物種中，處女情結較明顯，因為第一次交配的投入產出比最大。比如，第一個交配的雄性蜘蛛幾乎可以使雌性的所有卵受精[61]。如果雄性沒有仔細鑑別雌性是不是處女，就可能會遭受精子損失。更嚴重的是，雄性在交配過程中或交配之後可能會被雌性吃掉。如果和非處女交配，雄性就白白喪命了。皿蛛在正式交配前會仔細檢查雌性的貞操，檢查方式包括但不限於有沒有雄性交配後留下的交配栓，雌性的網上是否有其他雄性的氣味，雌性是不是拒絕交配（剛交配過的雌性比較排斥再交配）。只有當雄性確認該雌性是處女後，才會啟動正式交配行為，雄性會先織一張小網，把精子從生殖孔中運送到網上，再用觸肢（鬚肢）吸取精液直到充滿，最後和雌性交配。研究人員發現只需要十五分鐘，雄性就可以準確判斷雌性是否交配過[62]。

擁有後進者優勢的物種中，第一次交配的精子十有八九會被後面的競爭者掏空，最後一次交配更有利可圖。除非雄性交配之後一直守著雌性，在她生育之前都不讓她接觸其他雄性。但雄性通常不願意花費大量時間守護曾經的愛人，用這段時間尋找新歡可能回報更大。

交配是危險的行為，理論上應該速戰速決，可是為什麼很多雄性生物不能秒射，反而將丁丁（陰莖）在雌性體內來回運動？此運動既不能使丁丁插得更深，又會帶來被捕食風險。另外，雌性和其他雄性可能會在他射精之前打斷交配，導致他竹籃打水一場空。雄性無視秒射的巨大收益，背後到底有何利益驅動？刺舌蠅是一種浪漫而持久的生物，他們的平均交配時長為七十七分鐘[63]，其他的蠅類交配時間也長達三十分鐘（他們纏綿時是打蒼蠅的最佳時刻），但雄性只在交配結束時短暫地射精，漫長的交配彷彿毫無意義。自然選擇本應傾向於留下秒射的雄性和熱愛秒射雄性的雌性，如果事實與此相反，那麼一定是性選擇產生了作用[64]。

讓雄性鋌而走險的理由只有一個，射精並不意味著受精。從精子競爭角度看，他們需要移除對手的精子，而活塞運動正好可以移除其他雄性的精子或交配栓。雌性果蠅如果和多個雄性交配，往往最後一個交配的雄性會使大部分卵子受精。因為丁丁在雌性生殖器中的持續運動會移除前面交配的雄性留下來的大部分精子，而且精液中的物質可能會使別人的精子失能[65]。這樣一來自己的精子被浪費的風險就大大降低了。

競爭使他們更卓越

除了交配順序，射精量和精子品質也很重要。好刀用在刀刃上，科學家已經在多個物種中（包括人類）發現，雄性動物會根據精子競爭風險有策略地發射遺傳物質。我們通常認為精子很便宜，但那只是和雌性的卵子相比。其實，精子的生產也耗費大量能量。有些動物的睪丸比大腦還大，如此昂貴的炮彈一定要精打細算地使用。

雄性獨自和雌性交配時，狀態最放鬆，射精量最小，精子的運動能力最差。精子的運動能力直接影響受精成功率。他們之所以懈怠是因為周遭沒有競爭對手，發射一個大炮彈和發射一個小炮彈，成功受精的概率不會有太大差別（僅僅是他們以為）。一寸精子一寸金，勤儉持家的雄性本著能省一點是一點的原則偷工減料。如果雌性離開之後，立馬和其他雄性交配，先交配的雄性不就處於劣勢了嗎？但雄性是受感性而不是理性支配的動物，眼不見為淨，看不到就當作沒發生。

然而，一旦在交配的當口，出現一個虎視眈眈的競爭對手，雄性被迫要和對手在雌性陰道裡一決高下，就需要拿出看家本領了。第一，花光所有的精子存量；第二，派出最優秀的「後勤部隊」精漿供給營養，讓精子跑得更快。被圍觀的雄性身體接受的刺激更大，射精量更多，精子速度更快，快感也更強烈。但並不是競爭對手愈多愈好，對手過多，這個買賣就不划算，雄性會降低射精量，把昂貴的精子留給未來更好的交配機會。

競爭原理放諸四海皆準。你一個人做一個工作，做得好或差，老闆都不會炒你魷魚，很容易懈怠。但老闆又招了一個人做同樣的工作，你每天就得暗自較勁，不能比對方差，否則就要捲鋪蓋走人了。我們都知道第二種情況比第一種情況更能顯出成果，如果眼前沒有競爭對象，我們就會找藉口不努力工作，比如，加班不利於健康、不利於家庭關係、不利於陶冶情操，人啊不需要那麼努力……動物賣力是為了活下去，人工作是為了什麼呢？

講完了理論，來舉幾個例子。研究人員發現志願者們觀看兩男一女的色情圖片時，興致比觀看三個女人的色情圖片更高，不僅如此，精子運動能力也顯著更高[66]。兩男一女代表有精子競爭，三個女人代表沒有精子競爭。公雞在獨立房間中射精量最低，一旦出現圍觀的公雞，立刻就會被點燃鬥志，誓與之一較高下。給雄魚播放另一條雄魚（競爭對手）的色情視頻，會發現競爭對手體形愈大（通常意味著更大的精子競爭），實驗雄魚的射精量愈大[67]。雄性斑胸草雀在婚外情中射精量更大，精子運動速度更快，姦夫的單次射精量是家夫的七倍。雌性也很奇怪，只出軌了一次，孩子卻有一半都不是自己丈夫的[68]。科學家認為這可以解釋為什麼人類覺得和妻子做愛不如和情人偷情刺激。俗話說「小別勝新婚」，也是有科學依據的。因為夫妻分別時間長，丈夫被綠的可能性大，他需要多發射一些精子來保障自己的地位[69]。科學家相信這些研究可以促進人類的生殖健康，他們呼籲在捐精室的成人影片庫裡多放一些有精子競爭的小黃片，或在捐精者臥榻之側放一個健美的男人雕塑，以提升精子數量和品質。

有精子競爭時，精子數量和品質的提升可以理解，它們會帶來生育上的直接回報，但為什麼快感也會有所提升？這就不得不探討為何性行為會帶來快感了。

性行為的目的是基因傳遞，基因好比奴隸主，生物的身體好比奴隸，高潮是基因奴役生命繁衍的小把戲。奴隸主指揮奴隸做事時，不會告訴奴隸為什麼要這麼做，他會在奴隸做完後，給他們打一針廉價毒品，這也是性行為快感的來源。當你勤勤懇懇生產出精子或卵子，歷盡千辛萬苦找到一個可孕的異性，冒著被捕食者撕成兩半的風險，大把消費覓食一天所儲存的能量忘情交配時，得到的可能僅是大量釋放的多巴胺和性傳播疾病。性行為是不划算的，它是個只有能量輸出卻沒有能量輸入的過程，獲得的獎品是生物體內本來就擁有的東西（多巴胺等）。又因為性不易得，無性階段會有輕微的戒毒症狀，爽了幾秒鐘，代價卻是長時間的不太爽。總而言之，性行為是生物為了繁衍下一代被毒品操控的結果，有這時間精力不如多吃點、多睡會兒。當你碰到了精子競爭，奴隸主拍著你的腦袋說：「這回要努力些。」於是你加班加點完成任務，奴隸主為了表揚你，加大了毒品的劑量，也提升了性快感。

千奇百怪的丁丁

對多數有性繁殖的生物而言，丁丁是重要的發射精子工具，演化過程中很努力地不讓主人落後。尤其是體內受精的生物，離開了丁丁的輔助，生殖幾乎沒有可能成功。但美國佛羅里達州曾發生一件稀奇事，一群青少年參加過泳池生日派對後，有十六名未成年少女懷孕，有當事人聲稱自己未發生過性行為。最終，有一名青少年無法忍受外界輿論壓力，承認自己對著泳池做過「不可描述」的事情。此事引起了生物學家的高度興趣，他們認為那個男孩擁有能力超強的精子。然而，該報導後來被認定是假新聞，泳池利益相關方斥責該假新聞傷害了女性的游泳意願，精子在泳池裡根本活不了幾分鐘。

編造這個故事的人可能從體外受精的動物那裡得到了啟發。雌性的卵子可以留在體內，也可以排出體外；雄性的精子可以在雌性體內排出，也可以在體外排出。

體外受精在很長一段時間內都得不到理解，體外受精通常發生在水裡，精子和卵子在水中找到彼此並結合。對於在水中體外射精的動物，水會極大地稀釋精液濃度，而且海水等水體中可能含有的有害物質會損傷精子活力，倖存的精子還要穿越陰道地獄，這些問題明明用一根防水的丁丁就可以解決，可是這些動物卻偏要偷懶。

達爾文出版《物種起源》（*On the Origin of Species*）之前，研究了好幾年藤壺。藤壺是一種附著而生的甲殼動物，不像螃蟹可以在海中自由移動。藤壺性成熟之後只固定在一個地方，這樣一來找對象就有困難了。

藤壺是階段性雌雄同體的生物，也就是說，藤壺可以轉變性別，但一段時間內，一個藤壺只有一種性別，因此自交繁殖的概率很低。達爾文觀察到某種類雄性藤壺的丁丁最長可以達到體長的八倍，他們會用自己靈巧纖細的丁丁探索周圍環境，找到異性就猛插進去。由於遠距離啪和普通的交配差異過大，因而這種遠距離交配被命名為「假交配」。可是問題又來了，假設藤壺主要靠假交配繁衍，如果八個身長以內沒有異性鄰居，他們豈不得孤獨終老，更何況不是所有種類的藤壺都有巨長的丁丁。但事實上是獨居雌性藤壺體內仍舊有大量受精卵。

科學家經過不懈努力終於發現，藤壺有新的「播種機制」[4]，就是把精子灑向廣袤的大海，讓它們自由地尋找所愛，畢竟大部分不能移動的海底生物都像植物一樣透過水這種媒介傳遞自己的精子。

為了驗證這種猜想，實驗人員捉了五百九十九隻藤壺，這種藤壺的丁丁鬆弛狀態下只有體長的一半，勃起狀態下僅比身子稍微長一點。實驗人員搖搖頭說：實在太小了，怎麼可能有後代呢？

他們把藤壺一雄一雌兩兩配對，測量雌性的受精率和出軌率如何隨著他們之間物理距離的增加而變化。結果顯示，在他們相距不足兩個身長時，雌性的受精率達到五〇%，且出軌率幾乎為零。然而，隨著距離增大，受精率穩步下降，出軌率則顯著提升。雌性接受了大海裡來自遠方的漂流精子，進一步證實了異地戀不靠譜[70]。

純粹的體外受精也是海洋生物常見的一類生殖方式。通常情況下，雄魚追求雌魚，如果雌魚看上了雄性，就會在他的窩裡產卵。隨後，雄魚再播撒精子。由於雌性比雄性挑剔，假設雄性先排出精子，而雌魚又沒看上他，這些精子就浪費了。

但海參不一樣，竟然是雄性先排出精子，雌性再排出卵子。雄性的這種投資策略看似過於冒進，其實他還留了一手，與精子一同排出的是濃濃的性信息素，對雌性和雄性都有催情作用。實驗人員分別收集了雌性和雄性排卵、排精的海水，再將另一批海參一個個單獨放下水體驗一番，結果發現排卵海水只能略微提高兩性性欲，而排精海水則可以顯著提高兩性性欲，做為春藥療效十分顯著。雄性海參排精後，雌性多半禁不住誘惑要與其共度春宵，這可以看成是雄性的操縱行為，可是為什麼其他雄性也興奮起來了呢？可能是他們嗅到了潛在的交配對象和精子競爭危機，刻意製造了群雄混戰場面[71]。

對於交配這項體力活，雄性多的是偷懶的技術。藤壺勇於放手，讓精子自己去尋找真愛。更有甚者，雄性瘤船蛸還敢放飛自己的丁丁[5]。雌性瘤船蛸住在外殼裡，體長可達到三十公分，雄性

4 遠程授精（Spermcast mating）：雄性將精子排入水中，精子自發游到雌性身邊，使卵子受精。常在固定生存的生物中出現。

5 可拆卸陰莖（Detachable penis）：雄性的陰莖或存儲精子的交配器官，可以在交配前或交配中拆卸下來，自行尋找雌性或自行完成交配。

沒有殼，體長不到三公分，如此懸殊的體形差異，交配自然不能如我們想像中那樣進行。

雄性瘤船蛸的一隻觸手中儲存了大量精子，短暫的性接觸之後，精子觸手會折斷在雌性體內，繼續發光發熱，而雄性完成了自己的歷史使命之後，便會長眠於寂靜的海底。我們不確定雄性是否會感到幸福，他們有時甚至在正式交配前便折斷丁丁觸手，讓斷肢自己鑽進雌性體內。不知雌性攜帶著丁丁自由遨遊時，是否會想起體內的某一部分曾屬於另一個鮮活的生命[72,73]。

有的生物為了交配放棄自己的丁丁，有的生物卻為了飛行放棄丁丁。鳥類丟棄丁丁的唯一好處可能是減重了更易飛行，但也有研究認為丟了那二兩肉根本什麼影響也沒有。

當一眾雄性生物還苦苦糾結丁丁形態，每使用完一次自己的寶貝都要細心養護，希望下次使

雄性瘤船蛸在短暫的性接觸之後，精子觸手會折斷在雌性體內，雄性完成自己的歷史使命後，將長眠於寂靜的海底。

用時不要給自己丟臉，丁丁界的土豪海蛤蝓已走在所有雄性的前面，率先推出可再生丁丁[6]，完美規避了以上的所有缺點。每根丁丁只用一次，用完就霸氣地拔下來扔掉，二十四小時後，又長出一條閃亮的新丁丁，不生病，不怕斷，除了貴，沒問題[74]。

自然界的丁丁有著千奇百怪的使用方式，還有哪些丁丁形態可以為雄性助攻呢？

♀丁丁的神奇演化♂

冰島有個動物生殖器博物館，陳列了各種動物的生殖器標本，丁丁的大小、形狀、結構均不一樣，有的有陰莖骨[75]，有的是多頭丁丁。丁丁不像重要臟器那樣，遭受一丁點突變就喪失功能，

6　可再生陰莖（Disposable penis）：雄性在交配後，陰莖會脫落，短時間內再長一根新的。

導致個體撲街。它的作用非常簡單，只要能把精子送到卵子身邊即可，最多再加上移除其他雄性遺留在雌性體內精子的任務。只要能完成簡單的任務，外形稍作改變，並不會給個體生存帶來顯著不利。

於是，丁丁有了百花齊放的資本。即使某些形態的丁丁可能稍占繁殖劣勢，但結果要經歷多代才能顯示出來，而且說不準在哪一代，原先的劣勢丁丁就變成了優勢丁丁，一舉扭轉戰局。丁丁的形態和長度同時受性選擇和自然選擇的影響，但性選擇產生主導作用。從性選擇的角度看，丁丁變長是雄性驅動，而且非雌性主動選擇。

丁丁長度和什麼因素相關呢？學界幾乎一致認可一個觀點：愈濫交的物種，睪丸愈大。那麼丁丁大小是否也遵循這個規律呢？目前的研究還無法證實。濫交成性的黑猩猩擁有比人類大數倍的睪丸，丁丁卻只有人類的一半長和粗[76]。可能是黑猩猩有陰莖骨，過長的骨頭容易骨折。不過在某些哺乳動物中，陰莖骨的長度和睪丸大小正相關，意味著陰莖骨愈長，在精子競爭中愈有優勢[77]。儘管丁丁長度和濫交程度沒有明顯的關係，但丁丁的形態差異和濫交程度卻有顯著的關聯。濫交的物種間差異是專一的物種間差異的兩倍，可能是因為與多個異性交配加快了演化的速度[78]。

不難想見，被插的風險高於插別人的風險，愈具侵入性的丁丁愈容易傷害雌性，帶來性傳播疾病。精子需要游過雌性的生殖道，生殖道愈長，雌性的篩選和自主性愈強。雌性深邃而複雜的生殖道就是用來迂迴躲避雄性富於進攻性的丁丁。長丁丁其實是作弊行為，意圖讓精子不必「苦其心志，餓其體膚」，經歷更少挫折就快速成功。再者，丁丁的往復運動可以排出其他雄性的精子，如果自己的丁丁更長，那麼我的精子別人就排不出來，而別人的精子我都可以搜刮乾淨。

單看性選擇，雄性自然追求大丁丁和大睾丸；但從自然選擇的角度看，大丁丁容易受傷，大睾丸太耗能。攜帶一根大棒子，就不能恣意奔跑，否則，一不留神，丁丁就在石頭上磕斷了。即使小心翼翼看著身下，捕食和逃避捕食時的姿勢想必也十分滑稽。

有什麼辦法可以讓雄性既能夠沉湎於交配場上大丁丁帶來的強烈自我滿足，又能夠在日常生活中方便行事？首選就是擁有一根該變大時變大、該縮小時縮小的丁丁。這種設置極為常見，又可細分為兩類：一類是像人類一樣，不需要時丁丁縮小懸垂體外；一類是像鴨子一樣，不需要時丁丁縮回體內[79]。

就像折疊傘總是比直柄傘容易壞，可以任意彈出、縮回體內的大丁丁可能面臨更多力學上的問題，包括彈不出去、折疊不正確、收回不去等。這些動物體內需要專門劃分一個空間裝壓縮版丁丁。不僅如此，健康方面也有隱患，比如，丁丁接觸面大，折疊在潮溼的體內會滋生更多細菌，有的蠢鴨還可能在縮回時不小心裹片羽毛進去，扎得生疼。但好處也顯而易見。動物不穿衣服，外放丁丁難免被風雨摧殘，放在體內，丁丁就像鑽進了袋鼠媽媽的口袋一樣安全。

對比之下，人類丁丁遭受的風險就很大了，比如在樹上摘果子突然俯摔到地上，跨欄被樹枝扎到，游泳時被魚咬。更不用說不擇手段爭奪配偶的其他雄性會盯著你的丁丁，甚至卑劣的捕食者都可以從丁丁下手。不過，雖然人類的丁丁把弱點暴露在外，不利於自然選擇，但對比精密的彈射丁丁，這種簡單粗暴的設計更不容易出內部問題。

這兩種丁丁有一個共同點：它們受到的刺激超過閾值就會勃起，閾值愈高，變大愈困難。如果閾值很低，可能微風溫柔地吹一下，自己就彈出來了；如果閾值很高，可能在該交配時還是出不來。

為此，最富有想像力的大自然又創造了兩種天差地別的設計，成功解決了不舉的難題。

第一種，化繁為簡，化整為零。哺乳動物、鳥類、龜、鱷魚、蛇和蜥蜴的共同雄性祖先都擁有丁丁[80]，而鳥類中的雄性因某些不為人知的原因，丟棄了丁丁。可是他們又是體內受精，該如何傳遞精子呢？科學家給他們的交配行為取了一個非常有味道的名稱——「泄殖腔之吻」。泄殖腔是腸道、尿道和生殖道終端的匯合點，排泄物的歡場，微生物的天堂。公雞和母雞交配時，二者的泄殖腔像兩個吸盤一樣貼在一起，公雞在數秒之內將精子高速射入母雞的陰道，極度興奮時，可能還會大小便失禁，交換腸道菌群，親密無間。

大自然的第二種設計即演化出陰莖骨。擁有陰莖骨的丁丁不用過於費力地使自己充血變得飽滿，還可以增加丁丁的硬度，提高成功交配概率，助力精子傳遞。不過凡事有利就有弊，比起可大可小的肉坨丁丁，陰莖骨更容易骨折。

在性選擇的壓力下，生殖器的演化打造出百花齊放的丁丁，雄性動物們想方設法地變出更厲害的武器，以獲取精子競爭中的更大優勢。但有時候，精子做為珍貴的交配資源，竟然會被動物們刻意地浪費。

♀自慰的非洲地松鼠♂

科學家懷疑那些得不到交配機會的雄性，只能靠擼來發洩自己的欲望。在遙遠的非洲大陸，科學家們視奸了一群非洲地松鼠。這群松鼠因其誇張的自慰行為獲取了科學界的廣泛關注。他們擁有與體長不成比例的大丁丁，以至於端坐在地上時，雙手扶穩，低頭就可以咬到。他們的軀幹上下起伏，不一會兒就隨著震顫到達頂點，隨後盡情享用噴射而出的高蛋白[81]。理論上，除了那些頭短、手短、丁丁短的動物們，一切身體條件允許的動物都有自慰能力。自慰長久地被科學家認為是不利於健康的。這個名字顯示著是失敗者的自我安慰——卵子按個賣，精子稱斤賣，自慰就是賣不掉的精子清倉甩賣。

隨著人們意識到精子這個會動的小玩意兒造價並不便宜，高比例的自慰行為就愈發顯得自相矛盾，本著一切行為皆有緣由的原則，科學家們試圖找到背後的機制。

假說一：找不到對象，所以靠自己

這是最利於人理解的假說，因為無數單身個體親自實踐過，但既然是科學，就要用科學的方法論證，而不是憑經驗誇誇其談。

人類的近親獼猴也有這種煩惱。高等級雄性獼猴掌握了大多數交配權，低等級雄性經常找不到合適的對象抒發欲望而借擼消愁。

他們時常因無法控制自己的身體而感到痛苦，比如，看到遠處雌性鮮紅腫脹的生殖器，卻只可遠觀而不可褻玩。他們會把雌性咂嘴巴當成性感的撩撥而不能自持，更不用說雌性邀請其他雄性交配的搔首弄姿和交配時的欲血賁張，這直接燃燒了他們的身體[82]。

求而不得是眾多文學作品的母題，結局要麼是接受命運，要麼是對命運發起反擊。做為失敗者的那些日本獼猴原本散發著悲涼氣息，但他們不甘於命運，不滿足於自己解決，竟做出匪夷所思的舉動——和鹿「啪啪啪」[83]。跨物種的強迫性行為並不鮮見，前有海豹強迫海獺性交至死，後有海獺性侵企鵝重傷[84]。生殖的欲望有時和鮮血交織。

有松鼠研究者發現這似乎不能解釋松鼠為什麼會自慰。因為交配次數愈多的雄性，自慰次數也愈多。讓人不禁驚奇，他們竟然可以源源不絕地產生大量精子，想必低垂的巨蛋一定是他們生命中不能承受之重。

雌性平均每年發情四次，每次發情三小時，這三小時會吸引成群的雄性在她的閨房前排隊期待歡愉，平均每隻雌性在發情期會接受四．三隻雄性，最高可和十隻雄性交配。

共妻主義盛行的松鼠社會，自慰並不是為了填補空虛寂寞。

假說二：為了提高精子品質

根據世衛生育手冊，備孕男性同房前需要禁欲二～七天[85]，如果兩次性生活間隔太短，還沒有完全成熟的精子就被拉出去打仗了；如果間隔太長，精子可能過了保質期，缺胳膊少腿地去打仗了。

精子從睪丸中產出後，還要進一步在附睪裡成熟，附睪也是主要儲存精子的場所。太久沒有性生活可能會導致附睪裡的精子老化，活力下降，而禁欲時間愈長，精液濃度愈高，過高濃度的精液會造成精子尾部交聯，導致運動速度降低。

現在還沒有確鑿的實驗資料告訴我們，精子的保質期到底是幾天[86]。有研究認為我們遠遠沒有試探出精子儲存的時間底線[87]。如果長期禁欲對精子確實有負面影響，那麼交配前的自慰行為則可以清除老化的精子。

男人和公雞的精子理論上兩天就可以恢復。如果兩次性生活只間隔一天，那麼，精液的密度、體積、活性都會下降，畸形比例會上升[54]。然而，也有研究認為年輕的精子DNA斷裂的比例更低[88]。到底應該禁欲幾天再造人的爭論曠日持久，可是關於松鼠的研究裡，擼好像和提升精子品質毫無關係，因為他們主要在交配結束後擼，且做得愈多，擼得愈多。

假說三：為了避免得性病

把一切不可能排除之後，剩下的就是真理。由於雌性會在短時間內和眾多雄性交配，為了避免感染性病，雄性只好依靠擼排出身體毒素。

研究人員發現「做得愈多，擼得愈多」的松鼠們生活在非常乾旱的地區，所以不經常排尿。其他動物為了避免得性病，會在交配後尿尿沖洗尿道，可是這群松鼠體內的水非常寶貴，為了一次交配就去尿尿，實在太奢侈，於是他們選擇擼，這樣射出的精液量少，還可透過食用把水重新吸收回體內，實在是非常經濟實惠。

但這個解釋並非完全沒有問題。按理說，第一個交配的雄性不用擔心傳染問題，應該不用擼。

最後一個雄性風險最大，應該擼得最多。但實際上，擼的頻率和交配順序無關。也許是因為濫交又沒有很好的清潔辦法的雌性松鼠已經攜帶了很多致病菌，對雄性而言，保險的做法還是做完擼一下。

無獨有偶，另一項研究發現段柔軟的雌性犬蝠在交配期間有舔舐雄性丁丁的習慣，這可能也是出於清潔的需要，因為口水具有消毒殺菌的作用[89]。不過這也尚未被科學證明。

純潔的動物竟然比人類還會玩，還真讓人洩氣。

情欲還是生殖，什麼是雄性的渴求？

性不止是為了繁殖，繁殖也不必要牽扯性。人類掌握了這項技術。農業科技日新月異，現代養殖業逐漸放棄自然交配，轉而從家畜身上收集精液，人工授精。種馬、種豬竟然一輩子沒見過異性，足不出戶兒孫遍天下，家禽牲畜紛紛實現處女產子。高品質的精子一管難求，人工授精優勢何在？

原因有三點：效率、品質、衛生。拿養豬做為例子，可以看出人工授精的優勢。

第一，傳統養豬是從其他豬場租借公豬配種，人家大老遠來一次，結果母豬性致不高，不給配，白來了。就算一次給配了，也未必能懷上，折騰幾次，成本就上去了。但人工授精，一次射精的精液可以供幾頭母豬用，單次成功率還高於自然交配。這樣可以大大減少飼養公豬的數量。

第二，自然交配，公豬的精液品質不好控制，可能今天身體不好，或者連續配了幾天種，精液品質下降，不穩定還無法檢測。人工採集出售的精液全都是透過品質檢測的，若不放心，使用前還可以用顯微鏡看一下品質，讓精液的數量和品質都有保證。

第三，人工輸精管會充分清潔消毒，而萬花叢中過的種豬則攜帶著很多病菌，今天睡了這頭母豬，明天睡那頭，很可能引發交叉感染。

採用人工授精還有一些小眾的原因。比如養雞，有些種公雞的重量是母雞的二～三倍，交配久了容易把母雞壓死。另外，散養的公雞可能著重寵幸雞群中的幾隻母雞，雨露不均，被冷落的母雞可能得不到足夠多的精子。

因此，人工授精實屬現代養殖業的先進發展方向。人工授精有兩個關鍵步驟，取精和授精。授精的步驟比較類似，可取精的方法就各有不同了，主要有假陰道法、電刺激法、按摩法[90,91]。

先說假陰道法，可分為兩類，一類是對著假屁股就能交配，一類是必須在雌性幫助下才能使用假陰道。

種馬、種豬、種牛已經很習慣長得像跳馬、平衡木一樣的女朋友了，在飼養員的循循善誘下，種馬興奮地跳上木樁，隨著音樂律動甩打尾巴，飼養員伺機把假陰道對準丁丁，猝不及防地套了上去。飼養員說：永遠不能讓他們見識真正的母馬，否則……你懂的。

但不是所有動物都能接受這麼抽象的女朋友，比如兔子，於是人類又想到了新的方法。他們使用母兔誘導公兔交配，公兔亮劍準備戰鬥時，飼養員搶先一步把公兔丁丁塞到假陰道裡。

雄性對假陰道不感興趣或者需要的射精量很大時，也可以用電刺激法。電刺激法分兩類，一類是丁丁刺激，一類是菊花（肛門）刺激。

實驗表明，刺激丁丁產生的精子品質更好，但缺陷在於要把電極固定在丁丁上，不是誰都能乖乖地坐在那裡讓你電。而菊花刺激使用得更廣泛一些，將電極塞入菊花，調整電流電壓的刺激頻率即可促使射精。這樣雄性可以一次性把儲存的精液都射出來，其中會有一些尚未完全成熟的精子。這種方法通常需要全身麻醉，適用於大型動物、瀕死動物和比較挑剔的動物。

人類的近親猴子對丁丁刺激和菊花刺激都很敏感，給公猴子取精通常選在清晨，因為猴子在白天經常會自擼，如果取精開始前，技術人員在地上看到了白色的精液，就要讓他們休息一天。最後一類就是工作人員按摩取精，取公雞精子主要用這種方法，因為雞沒有丁丁，腸道和生殖道都彙集於同一個泄殖腔，假陰道無法使用，電刺激也不是很好用。

擼雞的學術說法叫腹部按摩，但實際上按摩的是背，雞的睪丸長在背部，反覆馬殺雞刺激睪丸會讓肌肉收縮射精。收集完精液就可以做品質檢測，合格的精液會被分裝冷凍，送往各個養殖基地給動物們配種。

繼續拿豬打比方，飼養員需要充分清洗母豬的外生殖器，之後坐在豬背上，一隻手插輸精管，一隻手愛撫母豬乳房，促進母豬吸收精子。但是人再怎麼愛撫都沒有公豬做得好，人們發現只要和公豬交配，就可以刺激母豬發情。自家公豬可能品質不好，或者是母豬的近親，不適合配種，但做一下苦力活還是很經濟實惠的。於是，養豬場結紮了公豬的輸精管，這樣公豬會產生沒有精子的精液，同時擁有正常的性功能（就像人類的輸精管結紮）。他們定期與母豬約會一次，卻不知道自己永遠不會有孩子。

用精子數量和配偶數量來評判雄性生殖策略在此刻似乎失效了，種豬提供了最多精子、獲得了最多後代，卻可能從未體驗過真實的性生活，結紮的公豬經歷著「正常」的情愛，卻無法享受天倫之樂。

雄性的欲望與情感給他們指引的道路，和基因試圖使自己瘋狂擴張的意圖相悖。情欲還是生殖，雄性渴求的究竟是什麼？

種豬和他的「假女友」。永遠不能讓他們見識真正的母豬，否則，你懂的。

第五章

「她」或「他」，誰來制定規則？

♀雌性的浪漫選擇♂

「她」還是「他」，誰在制定性選擇的規則？雄性競爭和精子競爭呈現了雄性參與標準制定的過程。我們再來看看性選擇的另一半主體——雌性。雌性選擇要溫柔、全面得多，外貌、歌喉、舞姿、帶娃能力都在考量範圍內。雄性競爭和雌性選擇不能完全割裂來看，有時候它們會重合。根據同性競爭的原理，雌性會偏愛決鬥勝利者，但有時雄性競爭與雌性選擇的篩選結果不一致。雌性可能會愛上一隻有鮮豔雞冠、肉垂的公雞，但他的打鬥能力卻比沒有他俊美的公雞差。

性的代價巨大，鮮豔的顏色、求偶的歌聲不僅吸引了雌性，還吸引了捕食者，美麗而笨重的裝飾是以飛行、奔跑的巨大阻力為代價。比如，白鐘傘鳥的求偶歌聲震耳欲聾，雌性不得不與其保持相當的距離，以免聽力受損。這樣昭示自己存在的歌聲也會吸引捕食者到來[92]。精緻外貌的代價可能是戰鬥力的下降，比如，公雞的雞冠和肉垂是阿基里斯之踵，一旦被對手啄住，就容易因失血過多死亡。繁瑣的求偶過程將雄性長時間暴露於危險之中，比如，雄西方松雞求偶時心無旁騖，豎起全身的羽毛，奮力拍打雙翅，閉著眼旋轉跳躍，舞蹈不完，跳動不止[93]，以至於獵人可以輕而易舉地射殺，甚至徒手擒獲他們。美是危險的根源，愛是死亡的伴侶。

雌性選擇是富於浪漫的，它訴諸藝術而非暴力。鬣蜥膨脹的喉囊[94]，發情期呈現黑、藍、紅三種色彩，它沒有任何實際的用處，甚至可能給生存帶來不利影響，因而被保留的唯一解釋就是雌性喜愛這種美。

出色的歌舞能力能給雄性大大加分。人類訓練過一隻紅腹黑雀鳴唱《德國圓舞曲》，他的歌聲吸引了籠子裡所有的鳥駐足聆聽，如痴如醉。人類曾發現一隻被囚禁的雄鳥因善於鳴唱，吸引了四、五隻雌鳥[95]。

為什麼雌性會偏愛有健康漂亮第二性徵的雄性？根據健康假說：如果公雞感染了寄生蟲，就會影響雄性第二性徵的表現，而雌性會透過這一表現來判斷配偶的品質，因此病公雞對雌性的吸引力遠不如那些漂亮公雞[10]。馬琳．祖克以紅原雞為實驗對象，一組公雞幼年被人為感染了寄生蟲，一組沒有感染，性成熟之後，被感染的公雞雞冠和眼睛顏色黯淡，雞冠和尾羽更短，外貌不太好看。把兩組公雞給母雞選，母雞果然更喜歡鮮豔的健康公雞。選擇健康的配偶，既可以讓後代有更好的抗寄生蟲能力，又可以防止自己被感染[96]。

針對不同物種的實驗結果紛紛支持該假說，但就在「喜大普奔」之際，科學家們卻發現雌性會偏愛感染了一種寄生蟲的雄性，這種寄生蟲就是讓「鏟屎官們」聞之色變的弓形蟲。

失誤的雌性選擇

貓是弓形蟲的最終宿主，可供其有性繁殖，但感染貓之前，弓形蟲還可感染老鼠等中間宿主。老鼠食用了含有弓形蟲的貓糞後被感染，貓吃了被感染的老鼠，也會被感染，形成閉環。

這是寄生蟲的常見套路，沒什麼厲害的，但弓形蟲身為寄生蟲界的「super star」、科幻電影中的座上賓、心靈哲學的討論對象，有一個撒手鐧——操縱它的宿主。高貴的弓形蟲寄生在大腦裡，出身甩了其他寄生蟲十幾條街。

理論上，雌性大鼠需要練就火眼金睛，及時篩選掉被寄生蟲感染的雄性。然而，雌性卻會被弓形蟲迷惑。

研究人員讓未經感染的雌性大鼠挑選配偶，一組雄性被感染過，一組沒有。結果雌性顯著偏愛感染過的大鼠，與這些雄性共處的時間更長，交配頻率更高。研究人員認為可能是因為被感染過的大鼠看起來更性感[97]。一步錯，步步錯，弓形蟲會透過性行為傳播，還會透過母嬰垂直傳播。

感染了弓形蟲的大鼠看起來更性感的原因可能是感染增強了雄性大鼠參與睪酮表達的基因，從而使其產生更大的睪丸，生產更多的睪酮。睪酮會增加雄性的進攻性，減少恐懼，增強肌肉和第二性徵，使雄性看起來更性感，同時也更作死[98]。

弓形蟲感染不僅會誘導雌性做出錯誤選擇，還可能讓被感染者死亡。

二〇一二年出版的《宿主操縱術》[99]中梳理了這些駭人聽聞的現象。寄生在大鼠腦子裡的弓形蟲，一心只想跑到貓的身體裡生兒育女。為了快速達到目的，牠們操縱自己的中間宿主走上了一條不歸路——吸引貓的注意，「快來吃我，我在這兒」。

他們的具體做法包括且不限於以下幾條：多活動，走的路多了，總有一條通向捕食者家裡；多暴露，哪裡流量大，就去哪裡搔首弄姿；降低恐懼、焦慮，積極探索環境，與捕鼠夾親密接觸等。這種大無畏的作風彷彿他們站在食物鏈頂端，感染弓形蟲的大鼠作死程度顯著高於未感染的戰戰兢兢的大鼠。

科學發現能給科幻及文學輸送養料。二〇〇〇年一篇有著浪漫標題的學術文章〈老鼠愛上貓，致命的吸引力〉[100]引發了廣泛關注。

研究人員設置了三個對照組，分別是大鼠自己的氣味、中性氣味和兔子的氣味，還有一個實驗組——貓的氣味，讓被感染和未感染弓形蟲的大鼠分別接觸這些氣味。

結果發現所有對照組裡，被感染和未感染弓形蟲的大鼠活動沒有顯著差別，但是實驗組裡，被感染的大鼠顯著地更喜歡往有貓味的地方跑。研究人員進一步進行了偏好測試，發現被感染弓形蟲的大鼠迷戀貓危險的氣息，未感染的大鼠則聞到貓的氣味就趕緊躲起來。

二〇一四年，有學者試圖去尋找致命誘惑的分子機制，發現弓形蟲可以透過使一些關鍵基因低甲基化，改變大鼠大腦的運行，重新連接內側杏仁核的特定通路，使貓的氣味啟動大腦控制「性行為」的相關區域，把恐懼變為愛[101]。

根據「關注愈大，愈被罵個狗血淋頭定理」，這麼勁爆的研究一定會有反對的聲音。有學者認為我們是研究科學又不是寫小說，想像力不要那麼豐富[102]，感染貓是那麼重要的目標嗎？中間宿主也是宿主，無性繁殖也是繁殖，那麼多生物體內都發現了寄生的弓形蟲，他們也不差這一些貓宿主。老鼠腦子不清醒上街了，你就說是為了吸引貓，老鼠喝了酒也會上街，還會在大街上睡著，這和吸引貓有半點關係嗎？

而且，沒有任何證據表明，被感染的老鼠更容易被貓吃，我們只是發現被感染的老鼠腦子不好使，論證邏輯上還缺了一環。被感染的人腦子好像也不太好使，然而人並不會被貓吃掉，這些類似大鼠的自我暴露行為並沒有適應性意義。

這樣推論下去，還不如說貓奴都是被弓形蟲操縱來主動伺候貓的。要不為什麼貓就是主子，狗就得是舔狗呢？

不僅老鼠是弓形蟲的中間宿主，人類也是。有研究認為弓形蟲在世界範圍內的流行率為三〇%[101]，也有研究認為流行率為一五%～八五%[99]。還有研究認為發達國家三分之一的人口都感染了。儘管資料上有出入，但不可否認的事實是感染率確實不低。曾經我們以為細菌感染是有害的，後來發現體內的微生物菌群是完成正常生理功能所必需的，寄生蟲會不會也是這樣，暫時不得而知。

由於弓形蟲可以在大腦中寄生，因而有假說認為感染弓形蟲可能是精神分裂症的危險因素，也有可能改變人格。感染弓形蟲的人相比未感染者，更多報告自己言辭不夠伶俐，反應更慢，對危險的感知力更差，交通事故率更高[101]。

儘管如此，被弓形蟲感染的男性看起來卻更性感了。生殖和生存總是充滿矛盾，用大腦換美貌的情況在不少生物中都有發現。這可能正是弓形蟲感染不利於宿主生存，卻仍舊能夠大規模存在的原因之一。

一個實驗裡，研究人員蒐集了七十一個健康男性和十八個被感染男性的照片，讓一百零九個女性評分，結果顯示多數女性認為被感染的男性看起來地位更高，男性氣概更足[103]。另有研究發現感染弓形蟲的男性身高更高[104]。

女性會適度偏愛這些特徵，而這些特徵恰巧和睪酮含量相關，只是我們無法判斷究竟是感染後的男性睪酮含量更高，還是睪酮含量高的男性更容易被感染。

♀雌性選擇的落敗♂

如果雄性在力量上強於雌性，二者的決定又不一致，就可能發生強者強迫弱者的情況。

科學家在阿根廷捕獲了一隻擁有超級丁丁的南美硬尾鴨，他一舉成名登上了《自然》雜誌，頓時學界譁然，各科學家紛紛跟進文章，感嘆：「為什麼不是我抓到了這隻鴨子？」南美硬尾鴨通常體長只有四十公分，體重六百四十克（平時菜市場買隻雞大概有一千五百克，可以想像這種鴨有多小了），但他竟然擁有四十二．五公分長的丁丁，刷新了人類認知[105]。各種鴨子是丁丁研究界的熱門選手，不僅是因為絕大部分鳥類在演化過程中都失去了丁丁，鴨子卻保留了，更因為他們的丁丁形狀不走尋常路，是著名的螺旋狀。

科學家至今沒有弄明白，為什麼只有三％的鳥類有丁丁？從系統發生學的角度看，鳥類的祖先擁有丁丁，但到了鳥類就退化，甚至消失了。這對於體內受精的動物而言很不尋常，命中率一下低了很多。比如，我們最熟悉的家禽——雞，就沒有丁丁，交配現場慘不忍睹，不僅經常射不準，而且排泄物和精液都是從同一個泄殖腔排出，激動的公雞在傳遞遺傳物質之餘，偶爾還會傳遞一下排泄物質。

絕大多數鳥類都沒有丁丁，為什麼偏偏鴨子有呢？有人認為鴨子經常在水裡交配，如果沒有丁丁，精子就被水稀釋了，水中的有害物質可能還會損壞精子[106]。但研究並未發現雌性偏愛大丁丁。另一種說法是，大丁丁是強迫性行為利器，證據是婚外強迫性行為率和丁丁長度正相關，但也可能是精子競爭強度變高，所以丁丁變長了[107]。鴨子的大丁丁可能是為了強迫性行為而設計的。水禽在正常交配中，長丁丁並沒有顯示出多大的優勢，也就是說雌性並不對長丁丁情有獨鍾，但強迫性行為的發生比例卻和丁丁長度正相關[108]，這意味著長丁丁有助於強迫性行為。無獨有偶，體內受精的孔雀魚，雄性長有用來交配的生殖鰭。生殖鰭的長度可以被用來準確預測強迫性行為的成功率[109]。由此看來，雄性動物盲目攀比丁丁長度的態度並不可取。

規則不僅會越界，不同的規則還會有衝突，雌性的規則和雄性的規則發生衝突時，該怎麼解決？

規則衝突發生的要素通常是一個性別在力量上勝過另一個性別。「雄性比雌性大」在自然界並非普適性規則，但人類無可避免地總是由人類視角觀察世界，而且我們最親近的動物幾乎都呈現出雄大雌小的特徵，於是在人們的常識中，雄性往往是更大的那個。但在無脊椎動物和冷血脊椎動物中，雌大雄小才是最常見的模式，比如，我們熟悉的蜘蛛。這種差異在昆蟲中尤甚，雌性體積是雄性幾百倍的情況也不罕見。唯有鳥類和哺乳類動物才是由雄大雌小模式主導的。他們無論從個體數量還是物種數量上來看都少得可憐，兩性差異也不夠顯著，雄性最大也不超過雌性八倍大小[110]。但做為少數派的我們依然可以宣稱「高等生物」不屑與「低等生物」站在同一陣營。我們注重品質而非數量，但何為高等，何為低等，何為物種的勝利，何為生命的意義，我們無法解答。

不管是雄大雌小，還是雌大雄小，絕大部分物種中，雌性和雄性的體形都呈現二態性，其根本原因在於兩性利益和最佳策略不同。雌性追求的是給娃找一個或幾個好爹，雄性追求的是多找幾個配偶和防止被綠。普遍來說，雌性的最佳交配頻率和配偶數低於雄性，雄性承受的性選擇壓力大於雌性，因此雄性的外形演化更快。每種生物都要在自然歷史發展中艱難地殺出一條血路，前進過程中，兩性間的相愛相殺從未停止。只有一個例外，嚴格的一夫一妻制動物達成了終極和解，他們同時是對方所有孩子的父親或母親，他們的愛情裡沒有私利，因此一夫一妻制動物雌雄兩性的差異是所有動物中最小的。

通常認為自然選擇作用於兩性的方向是一致的，要麼大家一起變大，要麼一起變小，它傾向於減小兩性差異。相對於雌性，雄性之間的差異更大，面臨選擇時總是首當其衝，處於兩個極端的雄性在變動環境中更容易被篩選掉，因此兩性差異會逐漸減小。但也有學者提出相反觀點，認為自然選擇可能會增加兩性差異，比如，懷孕的母蚊子食血，公蚊子食素。食血固然能提供更多營養，但也更可能被拍死，與其大家冒著生命危險一起競爭十分有限的血資源，不如讓不需要生孩子的公蚊子去吸植物。然而，雖然食譜擴大能降低種內競爭，卻增加了種間競爭。此假說遭到很多質疑，因為我們無法證明究竟是兩性差異先出現，還是食性分化先出現。

二十世紀五〇年代，動物學家伯納德·倫施（Bernard Rensch）提出了倫施法則[111,112]，解釋兩性外形差異（體形大或小）。他發現了一個趨勢，在雄大雌小的生物中，體重愈大的生物，兩性差異愈大；在雌大雄小的生物中，體重愈大的生物，兩性差異愈小。也就是說，生物在逐漸變大的過程中，雄性變大得更快。為什麼會這樣？這就要從兩性為什麼想變大說起了。

如果體形增大對雌性的好處比對雄性的更大，雌性就會大於雄性。舉個例子，雌性昆蟲的生育力和體形有強烈的正相關，吃得愈多，長得愈肥，生得愈多。給雄性多吃一口飯，創造出的價值比雌性小，那麼這一口飯就留給雌性吃了。雄性攝入一些能量保持自己的性器官就可以了，吃太多不是浪費嗎？雄性昆蟲不僅吃得少，長得小，吃進去的是草，吐出來的則是供配偶大人消費的蛋白質豐富的精子囊，有時候還要獻上自己的肉體，徹底淪為被性奴役的勞工。

相反，如果體形增大對雄性的好處比對雌性的更大，雄性就會大於雌性。舉個例子，哺乳動物雖然生育力和體形有微弱的正相關，但雌性靠長大個兒來多生孩子畢竟不現實。不過對雄性而言，體形大的好處就多了，既可以打敗同性，還可以強迫異性發生性行為，於是他們卯足了勁猛吃猛長，甚至不惜推遲性成熟。結果是顯而易見的，體形大的雄性哺乳動物在性選擇上占盡優勢，擁有更多後代。

雌、雄兩性針對大小博弈主要有三股力量。第一，生育力選擇，雌性體形愈大，生育力愈高，但隨著物種的體形增大，生育力選擇會減弱。大型物種中，雌性體形增大的邊際收益遞減。第二，性選擇，體形大的雄性更可能贏得配偶。第三，生存率選擇，小的生物更不容易滅絕。體形大意味著發育期長，雖然成年的個體體形愈大愈安全，但生物被捕食主要發生於成年之前，延長的生長期無疑提高了死亡風險。體形愈大，吃得愈多，一旦食物短缺，個高的先死。再者，發育期長說明性成熟晚，別人都兒孫繞膝了，他們還沒找著對象，不能為繁育事業盡一分力。最後，就算生物選擇不延長發育期，而是加快生長速度，依然會增加死亡率。因為需要增加食物攝入量才能快速長大，可覓食之路危機四伏。所以，「生存率選擇」偏愛小的個體[113]。

為什麼大型生物的「生育力選擇」的邊際收益會減弱？我推測是因為提高後代存活率比增加後代數量更有利可圖。在一個穩定的環境中，資源有限，要麼個體小、壽命短、數量多，要麼個體大、壽命長、數量少。為了保持種群數量穩定，生物追求的是平均每一對夫妻可以養育一對活到成年的後代。那麼，昆蟲為什麼不能驕傲地說我要注重品質？因為昆蟲的後代品質再高，依舊是所有動物都可以吃掉他們，所以只能多生。而大型動物天敵較少，且雄性可以參與撫養後代的過程，降低幼崽死亡率。

而兩性博弈體形大的一方占優勢，隨著物種平均體形的提升，雄性的體形要比雌性更快地增加。母權衰落，父權崛起，雄性對雌性的強迫性行為更可能發生。

你強迫了她，便傷害了她

強迫性行為比我們想像中發生得更頻繁。如果在生活中留心觀察，不難發現這樣的場景：樹林間，一隻鳥對另一隻鳥窮追不捨；廚房裡，一隻蒼蠅緊跟著另一隻蒼蠅不放；公園裡，一隻狗追著另一隻狗試圖強行騎跨。強迫性行為「亞文化」存在於幾乎所有物種中。所有個體都抗拒強迫性行為，但在絕大部分物種中，雄性的交配欲望高於雌性，雌性往往不成比例地淪為強迫性行為的受害者。學界研究的強迫性行為集中在雄性對雌性，這不意味著雄性強迫雄性或雌性強迫雌性不存在，只不過不如雄性強迫雌性那麼隨處可見而已。雌性強迫雄性更是比較少見。

細角黽蝽生長在水中，雄性會趴在雌性背上交配，雌性的生殖器有一扇小門，不願意交配時不會開門，而且會使勁把雄性甩下去。雄性破門而入的技巧不夠高深，竟然想出殺敵一千、自損八百的陰招。他們爬到雌性背上瘋狂地性騷擾，用腳在水面上蕩起波紋，捕食者感知到了信號，就會快速過來捕食。如果悲劇真的發生，雄性會率先逃走，留雌性擋刀，所以雌性一旦覺察到他們的小心思，為了防止丟命，便會妥協與其交配[114]。

蝴蝶也不容易，雌性蝴蝶羽化之後才開始交配，為此雄性甚至會守在繭上，一旦雌性破繭，便第一時間交配，哪怕這是違背雌性意願的[115]。有時，情場裡的落敗者還會對異物種發起攻擊[83]。

強迫性行為之所以在動物界廣泛存在，是因為其確實對雄性有好處，哪怕雌性承受了極高的代價。由於雌性承擔了絕大部分生育責任，她們在擇偶遊戲中是選擇者，雄性只能以極低的姿態去迎合雌性：有的雌性喜歡漂亮的，那我長帥一點；有的雌性喜歡會打架的，那我能身強力壯一點；有的雌性喜歡跳舞好的，那我就去練跳舞；有的雌性是吃貨，我就跋山涉水給她找吃的[116]。

但雄性自然不滿足於做被挑選者。在他們的內部爭鬥中，勝利者會大大限制失敗者的交配權。極端情況下，他們會咬掉失敗者的生殖器，這和殺了他們沒什麼兩樣。但仍然無法改變勝利者在面對雌性時的被選擇姿態。雄性體制內的蛋糕分完了，如果還想要更多，只能去搶雌性的蛋糕。最有利於個體的生存策略是：我想幹什麼就可以幹什麼，想和誰交配就和誰交配，你不願意，那我就強迫你。

雄性的最佳強迫性行為策略是：我可以強迫別人的配偶發生性行為，但別人不能強迫我的配偶發生性行為。可是這種策略用腳趾頭想都是很難成功的。雄性分配在生殖上的能量有限，卻需要操心三件事：第一，正大光明地娶配偶；第二，保護配偶不受性騷擾；第三，強迫別人的配偶發生性行為。

但不是所有雄性都迷戀強迫性行為。強迫性行為對於整個種群而言是不好的，因為雌性選擇有助於整個種群篩選優質基因，強迫性行為破壞了規則。同時，強迫性行為可能會帶來雌性的器質性損傷，導致種群內可繁殖的雌性數量減少。雄性蜘蛛在強迫性行為中，毒牙會傷害雌性[117]，雄性赫爾曼陸龜會用自己的尾巴硬插雌性，造成她們生殖器損傷[118]。強迫性行為率的升高還會導致娶妻成本和保護配偶的成本上升。進一步推理，桃花多的雄性的利益增長要小於沒有桃花的雄性的利益增長。對於沒有桃花的雄性來說，強迫性行為帶來的是從無到有的質變，對於求偶相對輕鬆的優質雄性，強迫性行為的邊際收益則較低。

因此，處於權力上層的雄性經常會公開表示，為了種族的繁榮，不能發生強迫性行為，並懲戒那些越軌的下層雄性。但很難說，私下裡，他們是否同樣嚴於律己。

強者如果不受約束，就會剝削弱者。

第六章

雄性弱者的反抗

♀ 地位高的雄性，睪丸更小？ ♂

強與弱並無定數，宏觀視角裡的強者可能是微觀視角裡的弱者。儘管有研究發現，地位高的雄性堤岸田鼠擁有更大的睪丸與品質更高的精子。這可能是因為地位高的雄性吃得更好，有更充足的能量發育生殖器官，他們的體重的確更重一些[119]。但這種「強者得到所有，弱者一無所有」的狀況並不普適，弱者有辦法打破強者制定的規則嗎？

求偶需要考慮方方面面，總不免顧此失彼，很多性狀之間此消彼長，不可得兼。

藍鰓太陽魚群體中的地主占少數，但二〇％地主霸占了幾乎所有的資源。雌性對他們投懷送抱，對八〇％沒有房的流浪漢卻不屑一顧。小偷體形嬌小，根本無法透過武力對抗及贏得伴侶，幾乎只能靠寄生來短暫地享受性行為。地主家有嬌妻，隨時都可以啪，小偷卻需要花費大量時間搜尋正在交配的夫妻。大部分時候，地主可以獨享美魚，保證孩子都是自己的，只有一〇％時間，他們會正面遭遇小偷。而小偷每次交配都是在和地主競爭，因此他們必須產生更多、更快、更持久的精子來增加自己微小的當爹概率[120]。雄性啊，最貴的除了腦子就是睪丸了，小偷的睪丸身體比（睪丸／身體）遠大於地主，可是收益率卻遠低於他們。由於地主階級擁有交配優勢，保護後宮與增大睪丸相比，前者更有利可圖，而小偷的每次交配都來之不易，必須好好珍惜，所以他們擁有更大的睪丸身體比，以期贏得精子競爭[1]。

大西洋鮭群體裡有早熟的「老王」（小型鮭魚）和晚熟的「老公」（溯河洄游型鮭魚）兩種雄魚。老王體形遠小於老公，只有對方體重的〇．一五％。晚熟的老公放棄了早交配的機會，選擇多吃東西長身體，等強壯了再去求偶，而老王則等不及，早熟可以早交配。但是，雌性喜歡體形更大、擁有巢穴的雄性，於是老王會悄悄地潛伏在魚夫婦交歡的場所，找準時機排出精子，讓漂浮在海裡的卵子受精。由於老王每次都會遇上精子競爭，因而睪丸相對身體比重遠高於老公[121]。不僅如此，老王的精子速度更快、壽命更長，小小的老王收割了多多的孩子[122]。

雄性三棘刺魚在被捕食風險高時會降低求偶頻率，為了更好的未來，甘願在當下壓抑自己的欲望。但在繁殖期快結束時，哪怕再危險，他們還是要殊死一搏，因為再不拚搏就老了[123]。

交配前選擇與交配後選擇提供了兩種不同的篩選標準。交配前選擇的重要標準是打架能力和帥氣程度，打架能力高、社會地位高，更容易贏得配偶。然而在很多物種中，交配後選擇同樣重要，精子數量、品質和社會地位呈現負相關，人們通常認為這是戰敗者最後的掙扎。如果找不到對象，精子品質又不行，就只能等著絕後了。自然選擇和性選擇不止有一個標準，如果在最為大眾接受的那個標準下墊底，不要緊，你依然有機會；但如果在所有標準下都墊底，則必定不能存活。

同物種的雄性未必都長得一樣，有的是同基因不同外形，有的則連基因型也不同。外形差異是表象，更深層的是整個生存和生殖方式的差異。

同樣的基因在不同的環境下會朝著「正」、「邪」兩個方向發展。以甲蟲為例，如果發育期食物不充足，雄性甲蟲身形矮小，就無法長出帶有攻擊性的角，因為只有身長超過閾值，才會觸發角的生長。可是要走正路贏得配偶，必須用角來進攻和防守。沒有角，意味著只能走邪路[124]。

實驗人員給一批甲蟲親兄弟分別投餵充足的和極其有限的食物，和預期一樣，食物充足的甲蟲驕傲地晃動著堅硬的角，而那些不幸沒有被選中的五〇%則蜷縮在角落裡。

雄性甲蟲擅挖地道，金屋藏嬌，有角的甲蟲守在門口，大有「一夫當關，萬夫莫開」的氣勢。但光榮的戰場之下，有一群沒有雄風的甲蟲在陰暗中開旁門左道。雌性躲在老公修築的安樂窩裡，老王卻悄無聲息地鑿穿了牆壁，圍堵雌性交配。

這些情場裡的落敗者，用被人不齒的方式傳遞著自己的基因。鄙夷他們，也許是因為我們總把自己代入到有角的甲蟲身上。

對於這些有角的甲蟲，雖然不能選擇出生的境地，但好歹在命運輪盤中走了一遭。儘管也有遭到饑荒當場撲街的可能，但至少保留了日後成長為人生贏家的可能，至少他們的基因是這麼相信的。

而有些老王連相信的機會都沒有了。他們和老公的基因不一樣，對生活的掌控力又差了一層，帶有濃烈的悲劇色彩。

第一章描寫的流蘇鷸雄性有三種形態，分別是老公、普通老王與長得和雌性一樣的老王[125]。老公擁有正常娶妻生子的生活，普通老王是老公的僕人，只能趁老公不注意給他戴綠帽子，類雌老王會裝作雌性接近老公及其配偶們，伺機行動。

他們生下來，命就確定了。

普通老王相對老公的基因是常染色體顯性，類雌老王相比其他兩類雄性則是超顯性基因，只要攜帶了該基因，表現出來就是雌性外貌。類雌老王是雜合子，其後代有一半都攜帶了該基因。如果攜帶了該基因的後代是雄性，就長得和雌性一樣。如果是雌性，就比普通的雌性更矮小一些。而老公、普通老王和普通雌性都不會生下類雌的後代[125]。

老王是天生的偷竊者。

相比於以上二類老王的隱忍，有一類雄性能在老公和老王兩個身分間自如切換，他們能屈能伸，亦正亦邪，被綠過，也綠過他人，嫉妒也豁達。

熱愛社交的綠「鄰」好漢藍鰓太陽魚，喜歡聚集在一個地方交配，每條雄魚占一個坑，招徠走過路過的雌魚。他們熱衷於去鄰居家串門子，尤其是在隔壁歡好的時候。如果家裡有娃，準爸爸們會精心守護自己的卵，降低禍害鄰居的頻率，可是那些有房的單身魚則經常肆無忌憚地破壞鄰居的好事[126]。這份自由是流蘇鷸苦求不得的。

老王被簡單分為幾類：一類是終生老王，他們要麼一輩子泯滅自己的良心，要麼改邪卻不能歸正；一類是散漫派老王，他們擁有對生活有限的掌控，想愛就愛，想綠就綠；一類是成長期老王，少年時體形小，只能做老王，成年後才具備充分競爭的體形。

但無論如何，老王居無定所、老無所依、求歡而不得、求安穩而不能，所到之處盡遭正派人士冷眼，躋身社會邊緣。如果老王活著果真有這麼大的劣勢，他們為什麼不被淘汰？

事實上，後天選擇做老王的個體們做了一個「理性」的抉擇。如果不幸出生在貧瘠的地方，營養不良，身材短小，那麼做老王的收益比做老公大。相反，如果食物充足，長的倍兒快，當老公才是最好的選擇，且體形愈大愈所向披靡。

不論是做老公還是做老王，他們選擇的都是當下的最優解。

再來看那些無力選擇的，命運早已畫出了分布圖，不管是老公還是老王，他們在群體中的比例愈高，適應度愈低。

如果群體中所有雄性都做老公，那麼老公間的競爭將十分激烈，處於底層的老公有極大的可能追求不到雌性，此時，如果他們改變策略，選擇做老王，由於幾乎所有老公都沒有防備，老王一上一個準。於是，老公們紛紛改行轉做老王，直到達到平衡點。假如所有雄性都是老王，沒有老公可以讓老王占便宜，所有老王的收益就是零。此時，只有老王轉行做老公才能獲得收益，於是老王紛紛金盆洗手，合法經營，直到達到平衡點[127]。

平衡點在哪兒？看環境。如果地理位置優越，繁殖洞穴競爭不激烈，雄性更傾向於本分地當老公。相反，若資源太緊缺，環境就會逼良為盜。如果甲蟲出生在豐年，那個個都可以長大角，相反，如果食物匱乏，則活下去才是第一位。

一切價值的參照系是環境，可是這個參照系卻不斷變化，我們不僅無法控制環境，甚至不能預測，構築於其上的價值體系就更加難以預料了。演化只能針對已發生的事情做反應，它永遠比環境變化慢一步。同一件事，今天是好，明天可能是壞。

站在老公的角度看，打擊老王是維持世界秩序；站在老王的角度看，用非常規手段獲取配偶是反抗剝削、反對壟斷。道德劣勢不過是立場不同。

試想一下，你既不知道所屬的物種在生物界全景圖中處在什麼位置，也不知道自己在所屬物種中處在什麼位置。即使大概知曉了概率分布，你仍然不知道自己落在哪個區間。精神上無可依託，物質上還有隨時被毀滅的風險，但「弱者們」未必覺得慘。德瓦爾（Frans De Waal）在《黑猩猩政治學》（*Chimpanzee Politics: Power and Sex Among Apes*）中描述了一個場景，排名老二和老三的雄性黑猩猩聯合起來，咬掉了頭領黑猩猩的睪丸，並導致其死亡。其中一隻獲勝的黑猩猩成為新的頭領，卻遭遇一樣的命運，被圍攻至死[128]。強者要維護守住自己的強勢地位不容易。

大叔的精子好，還是小鮮肉的好？

除了對於武力值和精子的權衡，社會地位和精子間也存在權衡的需要。通常年長的雄性社會地位更高，但是精子品質卻變差了。

精液品質隨年齡增長顯著下降——精子變慢、變少、死得早，這三者共同導致了中年男性不育。研究發現五十歲男性相比三十歲男性，精液體積最多下降三三%，精子速度最多下降三七%，精子奇形怪狀率最多升高一八%，懷孕困難率最高是後者的二．五倍[129]。未婚未育中年男子們緊張地捂住了襠，庫存的精子晚節不保。

不僅如此，由於精子生產速率降低和各器官的衰老，性生活頻率也會隨著年華老去顯著降低。比如，老公雞的性生活品質遠低於年輕公雞，年輕公雞夜夜都可尋歡作樂，老公雞卻心有餘而力不足，一週發憤一次都有些勉強。

你以為這就結束了嗎？不，懷孕困難，多勞動幾次就夠了，而基因出「bug」，神也救不了。

精原細胞經過一系列的分裂增殖、分化變形，形成精子。年齡愈大，精原細胞經歷的分裂次數愈多，也愈有可能產生突變、染色體異常等。絕大多數突變都是有害的，而這種有害突變，要麼造成配偶流產，要麼潛伏在下一代體內，指不定哪天給予致命一擊。

為了研究確認到底是大叔的精子好，還是小鮮肉的精子好，研究人員人工授精了波斑鴇，這樣一來就去除了精子之外的變數干擾。結果顯示，大叔的後代比鮮肉的後代破蛋率低，幼鳥生長速率低，重量輕。這表明大叔精子品質堪憂，至少在短期內會給後代帶來不利影響。這種影響很可能和生殖細胞 DNA 老化相關[130]。

不僅如此，大叔還比小鮮肉更容易傳染性傳播疾病。從人類的資料上看，不論男女，生殖器皰疹發生率都隨著年齡增長而增加，小鮮肉們由於性經歷和性伴侶有限，感染的概率最小，而從二十歲到三十歲，感染率飛速提升[131]。

精子的中年危機也給了中年雄性一記悶棍。如此看來，小鮮肉完勝大叔。然而事實並非如此，搜索「雌性喜歡年輕雄性」時，出來的結果卻都是「為什麼雌性喜歡年長的雄性」。在滿眼的大叔優勢論中，我只發現寥寥幾篇文章底氣不足地支持著小鮮肉，而且這些文章大都不是基於實驗，而是基於電腦模型。其中一個簡單模型是如果精子染色體突變率會隨著年齡增長而提高，而染色體突變會降低後代品質，則雌性會偏愛更年輕的雄性[132]。

另一個模型考慮了更多因素，如果雄性青春期前死亡率很低，但是成年後死亡率高，則雌性會偏愛年長的雄性。這是因為年長的雄性證明了自己長壽，更可能攜帶長壽相關的基因。如果和他們生孩子，後代也可能攜帶這種基因，活得更久。如果選擇了小鮮肉，則無法篩選出長壽基因。雌性需要選擇好基因，如果這個基因在雄性年輕時就十分明顯，她便不必等到他們老去。可是大多數時候，年輕人之間的差距小於中年人之間的差距，賭上一支潛力股風險大，挑選一支績優股成本高。

相反，如果雄性青春期前死亡率高，但成年後死亡率低，那麼雌性會偏愛年輕的雄性。因為活到青春期的雄性已是成功的少數派，此時做出選擇和等他們老了再做出選擇，並無多大差別。而且，年長雄性生殖系統老化，如果沒有其他優勢加持，在相親市場上是不吃香的[133]。

很多時候，時間教給你的，超越了肉體上的衰老。最直接的體現是社會地位和年齡是正相關的[134]。這可能是由於年長雄性更了解社會運轉機制，從而占據了管理者地位；也可能是由於地位低的雄性根本活不到中年。社會地位又和物資供給、精神狀態正相關，這兩點在雌性擇偶過程中很被看重。雌性同樣看重的歌唱、舞蹈能力，也需要經年累月的練習。

年齡帶來的優勢不僅是地位，還有操縱同類的能力。近年來有些學者發現已婚雌鳥出軌大叔，結果疑似被騙[135]。因為有的大叔既不能給予物質幫助，精子品質還爛得一塌糊塗，導致私生子老生病。學者認為大叔要麼在哄騙雌性上是一把好手，要麼在強迫雌性上手段高明。可憐那些雌鳥明明是虧本買賣，卻因年幼無知倒在大叔的床上，惹得學者大聲疾呼，交配前一定要擦亮雙眼。

一個理性的雌性應該在雄性精子品質下降和整體實力增強間做出取捨。雌性的擇偶偏好不盡相同，有的喜歡會唱歌的，有的喜歡會打架的，每一種能力隨年齡增長的曲線不同，這些差異可以促進雌性錯峰擇偶。但最優質的雄性難免會有多個雌性爭搶，競爭不過就只能退而求其次。如若不是這樣，天下的光棍不知又會增加多少。

年老雄性在精子比拚中是弱者，但可以憑交配前實力的強大進行突圍，年輕雄性在社會經驗比拚中是弱者，卻可以憑藉精子品質來反抗年老雄性的社會霸權，強弱並非一成不變。

♀照顧了容貌，卻影響了性生活♂

在看臉、看身材的世界裡，愛美卻不一定是件好事。有時候愛美讓你贏得了交配前選擇，卻讓你不自覺地輸掉了交配後選擇。

曾在英國藥妝店看到一則治禿頭的廣告，我拉著藥劑師說我也要治，結果她神祕地說這種藥只能給男人吃。於是在我腦中，治頭禿的藥暗中和壯陽藥發生了某種聯繫。

多年後偶然看到一篇文章，才知道了治頭禿的藥的確會影響性生活，只不過很不幸，是朝著相反的方向。

研究人員使用非那雄胺（finasteride）治療雄激素性脫髮，一共招募了一千五百五十三個志願者，治療組和安慰劑對照組相比，掉頭髮的速率顯著減慢，接受治療後，一位男士的地中海有了明顯改善[136]。然而是藥三分毒，正當廣大禿頂人士為此消息歡欣雀躍之時，潛在的副作用被揭露出來。

一名男性服用非那雄胺多年，他的配偶卻一直沒辦法懷孕，經檢查發現其精子DNA斷裂指數升高。憂心忡忡的醫生立即讓他停止服用非那雄胺，停用半年後，精子DNA斷裂指數降為之前的一半，只是還未能自然懷孕，可能需要更長時間恢復[137]。此後，非那雄胺對男性生育能力的負面影響繼續被揭露。

備孕男士的精子遺傳物質異常、精子運動速率慢、無精症等不容易被發現，但另一件尷尬的事情也會困擾他們。

那就是不舉。

一項有二千三百四十二人參與的研究表明，服用非那雄胺的人裡，有三．一%性欲降低、六．八%不舉、二．三%射精障礙。吃了非那雄胺導致性生活受影響的人裡面，性生活頻率（包括自己解決）從每月二十五．八次降低到八．八次。研究人員解釋之前頻率這麼高是因為很多年輕男性每天至少要自己解決一次[138]。

禿頭藥並不是我們發現唯一會影響男性性生活的藥，另一種臭名昭著、泌尿科醫生聞之色變的藥是蛋白同化雄性激素類固醇（簡稱AAS）。部分健身人士和運動員會濫用這種藥物，因為可以幫助長肌肉。美國有三%～一二%的男性高中運動員和三〇%～七五%的男性大學運動員用過

AAS[139]。

早在一九八四年，世界最權威醫學期刊《柳葉刀》（又名《刺胳針》，*The Lancet*）在尋找男用避孕藥時，就盯上了AAS。AAS那時已經在運動員群體中使用了二十年，它能夠促進肌肉生長，並且沒有發現明顯的副作用。研究發現睾酮可以降低精子的生產速率，但是由於種種原因，臨床用睾酮避孕效果不理想，研究人員四處搜尋替代物，AAS就是他們找到的一類替代物。

實驗效果是驚人的。給五名志願者肌肉注射AAS滿十三個星期，研究者發現接受治療的七～十三週內，就有人沒有精子了。接受最後一次注射後，這種無精狀況還會維持四～十四個星期，不過性欲和性能力並沒有改變[140]。這也給男用避孕藥的開發提供了啟示。

但是，只有五名志願者的實驗在統計學上肯定是沒有說服力的。一九八九年的一項研究招募了四十一個使用過AAS的志願者，有些人的使用劑量甚至超過臨床推薦量四十倍，其中五人精子數量低於正常值，二十四個志願者精子數量在正常值內但偏低，精子運動速度低，形態異常比例高。所幸這種生殖副作用是可逆的，部分志願者停藥四個月後，精子水準恢復了正常[141]。

除了精子減少，性欲降低和不舉做為男性雄風不再的指示針也如期而至。部分AAS使用者經歷了性欲降低和勃起功能障礙[142]。然而，不是所有人的生殖能力都能恢復。一個三十四歲的男性曾有五年使用 AAS 的經歷，他一共嘗試過五種，有些是注射的，有些是口服的。停藥後多年，他仍有性欲降低和不育的苦惱。夫妻二人去生殖中心做了檢查，他身形極其健壯，肌肉發達，然而睪丸萎縮，精液中沒有精子。經歷了複雜的治療，他的精子水準才稍有回升[139]。

既然有這些副作用，男性為什麼還要吃藥治療頭禿和增肌呢？因為可以更有吸引力嗎？

韓國的研究人員做了一項問卷調查，試圖搞清楚禿頭是否真的會降低性吸引力。一共有一百三十位女性、九十位未禿男性和三十位禿頭男性回覆了問卷。九〇％的回答者認為禿頭男看起來更老、缺乏吸引力，女性如此回答的比例顯著高於未禿男性組。禿頭男性認為禿頭男看起來不自信，這樣回答的比例顯著高於未禿男性組。

結果表明，禿頭確實會影響男性尋找配偶，從而增加了他們的心理負擔[143]。相比之下，禿頭給年輕男性帶來的困擾大於年長男性。這可能是因為多數年輕男性還沒有結婚，顏值比較重要。結婚生子後，性選擇對男性的外貌就沒有那麼挑剔了。

人類的審美不可避免地被媒體宣傳所影響，但毛髮在不少物種裡確實挺重要。雄獅鬃毛的成色可以反映自身營養水準和睪酮含量，毛質好的雄獅更容易找到配偶，毛愈長說明自己的實力愈強，別人就不敢輕易來挑戰了[144]。但這一切都是有代價的，在炎熱的非洲，長毛很熱。這或許和孔雀的長尾巴一樣，是個誠實的信號。除了毛髮，還有哪些身體特徵會影響找對象呢？

一九八四年的一項調查顯示，男性的自信和以下三者最具相關性：外形迷人程度、上肢力量以及身體狀況。女性的自信和性魅力、體重、身體狀況最具相關性[145]。

二〇一二年的另一項研究則加入了男女互評。志願者需要在電腦上操作一個3D模型，設計出自己理想中的男性和女性身材。研究人員的預期是男性心中的理想女性身材比女性心中的罩杯更大，且更豐腴一些，男性心中的理想男性身材比女性心中的肌肉更大，因為曾有研究顯示針對男性受眾的雜誌側重展現男人的肌肉、女人的胸；針對女性受眾的雜誌側重展現苗條的女人。

然而實驗結果卻相反，男性和女性的偏好很一致：希望女性瘦，有迷人的身體曲線；希望男性高大，有倒三角身材，腰和屁股小。男性的三個特質都和肌肉大小的直接關係不大。女性心中的理想女性的身材指數是身體質量指數（BMI）十八．九，腰臀比（WHR）為〇．七，腰胸比（WCR）為〇．六七；男性心中的理想女性身材指數也是身體質量指數為十八．九，腰臀比為〇．七，腰胸比為〇．六七。然而四十個女性志願者裡面，只有一個人的身體質量指數低於十八．九。

男性心中的理想男性的身材指數是身體質量指數為二十五．九，腰臀比為〇．八七，腰胸比為〇．七四；女性心中的理想男性的身材指數則是身體質量指數為二十四．五，腰臀比為〇．

八六，腰胸比為〇．七七，差別不大[146]。

研究人員認為可能是因為性吸引力是由異性來評價，我們需要清楚地知道自己在異性眼中魅力幾何，然後去尋找匹配的對象，否則總是被拒絕，很浪費能量。也可能是因為理想中的男性、女性形象是被主流媒體塑造的，我們無意識地接受了這個概念，哪怕極瘦的女性容易月經不規律，甚至生育能力受影響。

適當的肌肉是吸引配偶的加分項。研究人員給女性被試者看男性背影圖像，分別有瘦子、胖子、中等身材、肌肉男。女性評分最高的是肌肉男，其次是中等身材[147]。但是肌肉男不好定義，有比較勻稱的肌肉就算？還是練到史瓦辛格（Arnold Schwarzenegger）那樣才算？部分肌肉男甚至可能會讓女性感到攻擊性過強。

那麼，吃藥增肌是不是違背了健身的初衷呢？哈佛的一項心理學實驗招募了八十二個本科男生，分為兩組，給其中一組看肌肉男照片，另一組看不帶有指向性的照片，然後分別填寫調查問卷，寫下自己現在的肌肉發達程度，以及想要達到的肌肉程度。研究人員發現看了肌肉男照片的男生，肌肉期待值和他們現有肌肉值的差距顯著高於對照組。此說明僅僅是看了一張圖片就可能讓人變得不自信，想去追求更多肌肉[148]，而我們每天都會看到無數這樣的廣告。

為了帥氣的外形，寧願犧牲部分生殖能力的事情在動物中並不鮮見。在資源有限的情況下，生存、性感、精子品質像是個永恆的三角形，不可能三個點同時達到頂峰。

臉和身高不容易改變，相比之下，增肌更容易實現，背後還可以貼上自律的標籤。不過使用類固醇的肌肉男將陷入困境，好不容易長出健壯的肌肉，贏得了交配機會，卻沒有精子，不能傳遞自己的基因[149]。這被稱為「莫斯曼—佩西悖論」[7]。也許在健身房默默舉鐵的他們，感動的不是女孩，而是他們自己。

肌肉發達程度直接影響打架能力，毛髮的茂密程度影響了雄性的威嚴（豎起毛髮顯得自己比較大，禿頭就小一些），可是增肌和增髮的藥卻會影響精子品質。這是典型的交配前和交配後權衡，得到一些東西的同時就要放棄一些東西。肌肉上的強者也許是精子競爭中的弱者。

7 莫斯曼—佩西悖論（Mossman-Pacey Paradox）：雄性為提高性吸引力可能需要以犧牲生育力為代價。

年輕雞不會做，中年雞不想做

開始做博士課題之前，我一直以為沒有雄性會對性事漠不關心。我的實驗對象是原雞，公雞殘暴生猛的性衝動讓人厭惡。做了兩年實驗我才發現，其實每次屁顛屁顛跑來交配的總是那幾隻公雞，大部分公雞要麼在做哲學式漫步，要麼在教訓別的公雞，以鞏固自己的社會地位。那時我第一次意識到在性研究領域，我們自動忽略了那些不渴望交配的大多數。我們誤以為積極尋求性滿足才是常態，執著的單身貴族只是求性不得，無奈對生活妥協，哪怕他們看起來確實活得很滋潤。

設想一下，如果一輩子接觸不到異性，我們是否會習慣自己的身體？那時候我們會不會認為那些成天被性欲折磨的人才是病態，因為不理解為什麼他們躁動不安。性只有在傳宗接代時才有意義，因為性產生結果（後代），我們習慣於用結果定義價值。但在任意一個時間切面，不考慮時間縱深，性都沒有意義。

我第一次讓一群新成年的處男雞接觸母雞時，公雞啪的一下把自己彈飛了，驚恐地四下逃避。「為什麼這隻雞和我們想的不一樣？」這是我首次意識到，性是一種潛能而非本能，不經後天的學習無法獲得。中年母雞自如地穿梭在一群亂竄的公雞中間，隔壁雞舍的中年公雞看到這個景象，憤怒地講起黃色笑話，而我的新任務竟然是教一群小公雞交配。

我將一隻經驗豐富的中年公雞扔進雞群，他精力充沛地躍上母雞脊背，幾秒內乾淨利索地完事。為了防止這隻公雞阻止年輕雞交配，我抱走了他，他憤怒地踹了我好幾腳。但那些處男雞還是沒什麼反應，也許他們不懂剛才發生了什麼。好在年輕雞善於模仿與嘗試，雖然十分笨拙。有一隻雞躡手躡腳地跑到母雞面前，羞澀地咬了一下她的雞冠。雞冠是母雞的性器官，愈大愈紅愈性感。公雞交配的第一步就是咬住母雞的雞冠。

這隻公雞咬了之後覺得很爽，便多咬了幾口，看到他這麼爽，其他公雞也躍躍欲試。母雞遇到突如其來的性騷擾開始四處奔跑，有公雞試圖踩到母雞背上，被一腳掀翻。曖昧的氣氛在雞群中蔓延，點燃了荷爾蒙。這群懵懂的公雞嘗到了一點甜頭，卻苦於掌握不到交配的訣竅。他們無一例外地被年長的母雞抖落身下。

年輕公雞只能靠自己去探索。每隻技巧嫻熟的公雞都有一段被摔得慘不忍睹的過去。但只有約三分之一的公雞胸腔裡燃燒著欲火，蠢蠢欲動。剩下的三分之二則鬧中取靜，不為所動。原本以為他們只是膽小，直到我認真觀察中年公雞，發現每次打頭陣的不外乎那麼三分之一的公雞，但由於他們強烈地進攻，給我造成了一種錯覺，彷彿所有的公雞都熱血賁張。如果公雞的性欲呈正態分布，那麼大部分的公雞其實是佛系交配，來了就交配，沒來也不要緊，而被我挑選入實驗組中、被身體欲望支配的公雞只是被看見的少數派。正如秀恩愛的只是少部分人，我們卻彷彿受到了全世界的暴擊。

其實，就連那激進的三分之一也未必總處於興奮狀態。他們的性欲像脆弱的潮水，快沖到腳邊的瞬間，又無力地退回去。實驗狂魔王大可貪婪地榨乾他們每一滴精液，疲憊的中年公雞一隻腳踏在母雞背上，歪著腦袋，直視著我的眼睛：「一定要做嗎？我累了。」「你以為每隻雞都有能力一天交配五十次嗎？不要用極端情況代替大多數。」

年輕雞不會做，中年雞不想做。狂野的中年雞發現欲望被過度填滿，雞生反而空虛了。有母雞在臥，不交配好像不划算，交配又費力氣，雞生在糾結中輪回反覆，無論選擇何者都不會滿意。直到我移走母雞，沒有選擇了，最終他們才能獲得雞生的平靜。年輕雞正緩步邁進自然設定的陷阱，沉浸於初次性交的狂喜之中，等待他們的也許是一條無法掙脫的鎖鏈。

在更高的層次，不僅生殖相關的部分有權衡，生殖系統和其他系統也有權衡。

精子競爭的核心是更多、更快、更強，但生物不可能無限度地投入繁殖。一來，生物從環境中獲取的能量有限；二來，繁殖的前提是活著，所以生物必須拿一部分能量來建設自身。繁衍對於生物個體而言，弊大於利。交配極為消耗能量，也加劇了疾病傳播與被捕食的風險。交配於雄性而言，增加了爭奪配偶打鬥致死的風險，於雌性而言，增加了被強姦致死和難產死亡的風險。彷彿生命狂歡唯一的回報便是短時間內大量多巴胺的釋放，而為

年輕雞不會做，中年雞不想做。欲望被過度填滿，「雞生」反而空虛了。

了一瞬間的歡愉，生物卻承受了長時間尋覓快樂而不得的痛苦。但生命脫離了繁衍，活著好像並無意義。

即便如此，生物還是要在「無意義」上構築生活。生物謹慎而平衡地給自身和後代分配能量，各個系統都渴望更多能量，就像各個部門都渴望更大權力、更多收入。物質匱乏之時，若投資更多能量在免疫系統上，就會少投資一些能量在生殖系統上。同樣，生物的生長速率、運動能力和壽命都和生殖負相關。這就給了那些傳統競爭中的弱者機會，使用寥寥無幾的交配次數彎道超車。

♀生殖還是生存，這是個難題♂

如果生殖和生存有了矛盾，生物會怎麼選？免疫系統的提升可能以犧牲精子活性為代價。在食物限量供應的實驗條件下，將雄性太平洋野地蟋蟀分為兩組，一組在幼年期注射細菌引起炎症反應，一組不進行任何操作。性成熟後，發現經歷炎症反應的雄蟋蟀抗菌免疫系統顯著提高，然而精子活性卻顯著低於沒做任何處理的蟋蟀[150]。

處男生長速率更快。馬爾他鉤蝦在成功交配前，雄性需要抱住雌性在水中漂浮幾天，直到雌性排卵。此過程耗時耗力，雄性因此減少了許多進食機會。為了研究處男和有性接觸的雄性之間生長速率的差異，研究人員設計了一個實驗。實驗分為兩組，一組全是雄性，另一組雌雄比為二：一，結果發現第二組的雄性絕大部分時間都抱著雌性。實驗結束後，縱欲的雄性比禁欲的雄性重量輕了四五％[151]。

肌肉和卵巢之間也有權衡。東南田蟋蟀有兩種形態：能飛的長翅型與不能飛的短翅型。兩種形態的雌性蟋蟀在相同時間內增長的體重相當。然而，長翅型把更多能量分配到翅膀肌肉上，運動能力更強。短翅型把更多能量分配到卵巢發育上，生育能力更強[152]。

不僅投資在生育上的能量有限，在生育中分配給不同功能的能量也有限。生物需要從兩個方面權衡：第一，分配多少能量於當下，多少能量於未來；第二，分配多少能量用於讓自己更容易贏得配偶（交配前選擇），多少能量用於讓自己交配後更容易成功繁殖（交配後選擇）[153]。

當下與未來，過度偏重哪一方面都是不好的。假設分配過多能量給現在，聲色犬馬無所不用其極，就可能會因消耗過多能量導致早衰。啪的時候不利於防禦捕食者，過度享樂容易被吃，採花過多，疾病纏身也容易導致早亡，享受了當下卻失去了未來。但如果一味投資未來，為了長身體不去找對象，縱然身體健康強壯，但是不知道明天和意外哪一個先到，可能還沒有繁衍後代就掛掉了。

分配的能量側重於贏得配偶還是成功交配，則根據動物的社會地位不同而有不同的策略。地位低的雄性在爭取配偶時會遭遇更激烈的競爭，所以用了更多能量在產生精子上，以提高交配的成功率。

生孩子的時間上，動物也面臨兩難抉擇，是今天生孩子還是以後生孩子？如果今天生孩子，就需要把身體資源挪一部分給性和生育，風險是死亡概率增大。因為自身健康水準下降，壽命減短，最後還會導致未來生育水準降低，但好處是今天孩子已經生下來了，就算明天自己死了，起碼沒有絕後。而未來再生孩子的好處是今天不用承擔生育的額外風險，可以好好享受生活，壞處是萬一明天死了就真的玩完了。

更有甚者，為了繁殖放棄了自己的未來。由於為了精子投入過大和巨大的壓力，雄性寬足袋鼩一度過激烈而短暫的繁殖季，就會死亡，被稱作自殺式繁殖。寬足袋鼩繁殖季非常短暫，雌性寬足袋鼩幾乎會和她周圍所有能交配的雄性交配，這樣一來雄性的壓力非常大，他需要以難以想像的強度去交配，由於長期處於壓力狀態下，大量消耗體能，久而久之身體入不敷出，免疫系統崩潰，繁殖季一過，單薄的身軀就無法再支撐他的生命。使得雄性墜入惡性循環，沒有一個雄性能活到第二個繁殖季，所以他們瘋狂交配；但又因為他們瘋狂交配，所以沒有一個雄性能活到第二個繁殖季[154]。

一個個體所占的資源有限，他需要維持身體正常運轉，體細胞複製精準不出錯（否則就癌變了），免疫系統能強勢抵禦外界病原體等，該分配多少資源給生育實在是個難題。眾多物種中，生育和生存都是負相關的，於是一心想著長生不老的人類把目光放在去除生殖細胞和生殖腺上[155, 156]。

研究人員發現去除線蟲的生殖細胞可以顯著延長壽命。他們敲除了線蟲生殖細胞相關基因，如 glp-1，使其不產生或幾乎不產生生殖前體細胞。生殖前體細胞是能夠不斷分裂和分化成生殖細胞的幹細胞，生殖細胞的缺失可以使線蟲的壽命延長六〇％。當研究人員誘導生殖前體細胞相關基因發生突變，使其不斷增殖卻不分化，結果過多的生殖細胞縮短了線蟲的壽命。另一方面，雖然大幅減少生殖細胞可以延長線蟲的壽命，但移除生殖腺卻抵消了這種作用，也許是因為生殖腺還在信號通路中產生作用。研究人員推測線蟲的壽命延長是因為生殖細胞分裂分化太耗費能量，而沒有了生殖壓力，線蟲可以更加注重個體發展[157]。

但果蠅的壽命卻沒有因為生殖細胞的剔除而顯著增加。相反，沒有生殖細胞的雌果蠅壽命不增反減，空空的卵巢中長滿了過度增殖的體細胞。沒有生殖細胞的雄果蠅的壽命與正常雄果蠅並無顯著差異或僅有微小的提高。研究人員認為這可能是因為果蠅和線蟲在保持「生育─生存」平衡上有不一樣的調控機制，也可能生育和生存並不總要爭個你死我活，也能追求共同進步（也就是說人類不能透過自宮來延長壽命了）[158]。

對於生育和生存的關係，不僅物種間有差異，兩性間也有差異。研究人員發現去除卵巢的雌性小鼠壽命顯著低於對照組（沒有切除卵巢的假手術）且衰老加速，而切除睪丸的雄性小鼠壽命顯著高於對照組。研究人員推測可能是因為雌激素擁有抗炎效果，卵巢切除之後沒有雌激素來源，炎症分子積累加速了衰老[159]。生殖系統和我們攜手走過多年風雨，粗暴地分開自然會帶來許多負面效果。

二甲雙胍（Metformin）從二十世紀六〇年代起被用作對抗二型糖尿病的降血糖藥。近年來，科學家發現二甲雙胍還可做抗癌藥和長壽藥使用。有研究認為二甲雙胍可以延緩衰老和減少與衰老相關疾病的發生。在中年小鼠的飲食中長期加入低劑量的二甲雙胍，可以讓小鼠腰不痠、腿不疼、幹活不累、什麼都好吃，取得的效果和低卡路里飲食（被認為能延緩衰老）類似。目前，各種衰老指標，如氧化壓力和炎症反應都有了年輕化的趨勢[160]，這一研究也就變得更重要了。

二甲雙胍的使用雖然有利於生存，卻不利於生殖，因為它可能會減小睪丸的重量。小鼠開始妊娠的前十三天（相當於人類的前三個月）是胎兒睪丸發育的關鍵期。研究人員讓一組懷孕的小鼠媽媽每天喝二甲雙胍直到懷孕第十三天，並正常生產，隨後研究人員處死新生兒並稱量睪丸重量。實驗結果顯示喝了二甲雙胍的小鼠生育的雄性後代睪丸較小，所以，可以認為二甲雙胍抑制了生育[161]。但二甲雙胍是否真的能延緩衰老，延緩衰老的原因是否和抑制生育有關，還需要更多研究證實。

由此，我們可以得知，雄性取得外在的勝利可能會降低其內在的精子能力，低等級雄性來了一次彎道超車，暗地裡創造了一條新規則，反抗高等雄性的生殖霸權。

生殖與生存的矛盾困擾著動物，也困擾著人，但這種矛盾揭示出自然界在篩選標準上的多樣性。即使是社會等級的上位者或力量對比下的強者也不得不經受另一重標準的考驗。

第七章

雌性的反抗

如果性別是流動的

如果可以自由選擇性別，你會選什麼？雌雄同體的動物體內有兩套生殖系統，大部分情況下，當媽成本高，搞的是基礎建設，當爹成本低，搞的是投機倒把。出於利益的驅動，能當爹就不當媽。雌雄同體的動物們在互交的過程中可以兩手準備，雖然一心只想插別人，但如果自己不幸被插，也能坦然接受。

偽角扁蟲熱衷丁丁擊劍術，他們以打架替代調情，纏綿二十分鐘至一小時只為征服對方。他們揮舞著突出的丁丁，一劍一劍往對方身上刺，毫不留情，同時還要巧妙地躲避對方的攻擊[162]。

經過若干回合的戰鬥，其中一隻偽角扁蟲找準時機，狠狠地刺了下去。被插的偽角扁蟲被死死地按在石頭上，無處逃遁，但他不屈從於命運，正伺機把自己的丁丁插入對方體內。互插的情況時有發生，但是首插的偽角扁蟲插的時間更長，傳輸的精子更多，仍然具有顯著優勢。偽角扁蟲不喜歡被插還有一個原因，就是會被插出洞。

雌雄同體動物們的另一種交配方式不需要打架，但是會放暗箭。庭園蝸牛心機深重，信奉一手交錢一手交貨。兩隻蝸牛同時將丁丁插入對方身體，但事情還遠遠沒有結束。公平交易縱然美好，作弊的好處卻立竿見影。交配快要結束時，一隻蝸牛偷偷豎起暗箭朝對方刺去。暗箭是黏液包裹的鈣質硬刺，被刺中的一方會顯著儲存更多對方的精子。因為精子是高蛋白，在公平性愛中，收到精子的蝸牛未必把精子全用來受精自己的卵子，而是悄悄消化一部分。這個公開的祕密自然招致許多不滿，於是蝸牛演化出暗箭，爭奪生殖主動權，刺激對方有效利用精子[163]。

除了終生雌雄同體外，還有在生命不同階段擁有不同性別的雌雄同體。比如，裂唇魚的魚生夢想就是變成雄性。群體中雌性多於雄性且雌性比雄性成熟早，有科學家認為群體中的雄魚皆由雌魚轉變而來。他們的小群體通常由一隻雄性和若干雌性組成，雄性是群體中最年長、最強壯的個體（皇帝），負責保衛家園，同時最強壯的雌性做為皇后統領後宮嬪妃們。可惜皇帝不僅要抵禦外敵，還要防止自己的皇后篡位。如果皇后打敗了凶猛的外族雄性，就可以獲得晉升——變成雄性，買房娶妻生子，走向人生巔峰。皇帝還需要防著自己的配偶弒君，當群體中的雄性死亡或被人為移除後，皇后會在短短幾天內變性，登上皇位。皇帝死後一個半小時，皇后即展現出雄性特有的進攻性表演。短短幾個小時後，他就臨幸了曾經的好姐妹。但皇后並不總是能成功變性，總有一些雄性在國家大亂之際，乘虛而入，奪得皇權，繼續把皇后踩在腳底下[164]。

雌性，是弱者嗎？

♀ 月經可能是個 bug？ ♂

在生理層面，雌性為生育承擔了太多，鳥類不管交不交配都要定時下蛋，下蛋不僅容易難產，蛋碎還可能危及母體生命。哺乳動物則不僅要冒著生命危險生孩子，不受精時還可能來月經，比如人。

地球上的物種數量以百萬計，其中哺乳動物卻只有五千五百零二種，生為哺乳動物已經是小概率事件。幾乎只有哺乳動物需要懷孕生孩子，只有懷孕需要受精卵著床，而只有具備這一系列生理機制才會來月經。但在哺乳動物中，目前只發現有七十八種靈長類、四種蝙蝠、二種齧齒類會來月經，僅占哺乳動物的一．五%[165]。

月經的獨特性，不僅在於其在生物種群中發生概率極低，更在於從生理層面上看，月經根本不是一個常規操作。

什麼是常規操作？比如，所有有性生殖的動物都需要排卵，排卵就是一個必不可少的常規操作；精子需要和卵子結合，受精就是一個常規操作。但週期性流血卻很難說有什麼必然性。

絕大多數會來月經的動物都是人類的近親。這一方面說明月經是很晚才出現的；另一方面則表明月經沒有經歷強烈的趨同演化，即不同的物種並未分別演化出具有類似功能的器官或生理活動。

這些因素讓我們不得不懷疑，月經的出現可能是個「bug」。你能想像這樣的情景嗎？一隻母兔子一路溜達，屁股一路滴血，直到被捕食者盯上，她哭著告饒說：今天月經痛跑不動，能不能改日再戰？

有理由推測，自然界裡來月經的哺乳動物大概都被吃光了。而人類之所以能邊來著月經邊存活下來，必然是有光環護體。

什麼光環呢？最重要的原因可能是馴化植物、馴化動物、合作捕獵等，使人類的生存率大大提高了，所以這個小「bug」不足以抵消人類實力的增長。

那麼，為什麼流血的「bug」沒有在時間的長河中被淘汰呢？從理論上說，不來月經不容易發生感染，生存概率更高。一旦有人基因突變擺脫了月經，同時保有正常生孩子的功能，經過多代篩選，來月經的個體就會被淘汰了。

月經的出現可能是個 bug。難以想像來月經的母兔一路溜達一路滴血，還哭著向捕食者告饒：「能不能改日再戰？」

另外，前工業社會時，女性處於不斷的妊娠和哺乳期中，沒有像現代女性那麼頻繁地來月經，因此月經不算一個終極大「bug」。針對西非多貢婦女的一項研究表明，當地育齡女性平均每年只來一次月經[166]。

月經在多貢人的認知中是一種禁忌，女性需要到特定的月經小屋去處理經血。經血通常帶有負面的神祕色彩，這一現象源於古代社會的文化背景。生殖崇拜普遍存在於先民之中，因為沒有生殖崇拜的社會，恐怕都無法延續到今天。對古代女性而言，月經意味著沒有懷孕，以及身體疼痛。在沒有衛生棉和自來水的時代，清潔很麻煩，月經容易引發其他疾病。對於男性而言，月經則意味著不能啪啪啪。因此，女性初潮後就要張羅著嫁人，這樣就可以不來月經了。

回到生物學問題。看到前面敘述動物月經的段落，飼養狗的讀者可能會有疑問：為什麼會來姨媽的物種列表裡沒有狗？《生命中不能承受之輕》（*Nesnesitelná lehkost bytí*）裡描述，小狗卡列寧每半年來一次月經，每次持續兩週。我一直把它當作科學事實，並在我家狗費盡心機地把血擦在我褲腿上之後深信不疑。直到查閱文獻才發現，狗的流血和大姨媽沒有半點關係。

大姨媽是子宮內膜週期性增厚，以方便著床，並在沒有受精卵的情況下，內膜收縮脫落導致流血。但狗的血不來自子宮，而來自陰道。

為什麼陰道要週期性流血呢？不知道。人的月經都沒研究清楚，自然沒什麼人去研究狗的月經。

目前僅知的是，狗的流血開始於一個生殖週期之初，通常持續一週，隨後進入排卵期，部分狗在排卵期仍會流血，過了幾個月再重複這個週期。也就是說，狗的流血是公開顯示自己發情，而非昭示此刻不宜交配[167]。

那麼，為什麼其他哺乳動物不流血呢？他們的子宮內膜不週期性脫落嗎？答案是大部分哺乳動物的子宮內膜還是會脫落的，但是他們的身體把脫落的內膜和血液吸收了，像人類這樣鮮血淋漓的例子非常少見[168]。

為此，科學家們大開腦洞，積極建立「流血有用假說」。最著名的是一九九三年的一篇文章宣稱排血就是排毒[169]。排的是什麼毒呢？該文稱是「精毒」。

該文非常準確地捕捉到雄性精液含有多種病原體這一事實，認為精液會汙染雌性生殖道。該文至此都是科學可信的，但隨即又以民間科學家的口吻寫道：經血和血管中的血液不同，血管中的血液有凝血因子，而經血中則沒有，所以女性經期源源不斷地流血。另外，排卵期雌性的性生活最為活躍，這也意味著排卵期之後，雌性生殖道內的細菌、病毒最多，所以需要用經血排毒。

該文還認為經血排毒有兩種機制：第一種是物理排毒，被精毒侵染的內膜脫落以排毒；第二種是免疫排毒，經血中有大量免疫物質，可以殺毒。基於以上兩點，所有的哺乳動物都應該排毒，唯一的差異只是血是否可見。

但隨即就有學者趕來打臉，並舉了生動形象的例子——你會為了給手消毒就劃開一個口子讓血嘩嘩地流嗎？而且事實正相反，新鮮血液是頂級的培養基，可以孕育一片細菌的森林。月經不僅不能排毒，經期還更容易感染，需要額外注意衛生。

之後，每當有研究月經的文獻問世，都要順帶把這個假說遛一遍。不過有位教授曾對我說：做科學研究的，怎麼能害怕出錯？要知道，科學是從極有限的小樣本中推出普適性的規律，錯誤是常態，對了才是運氣好。如果一定要有百分之百把握才發表文章，那麼所有學術雜誌都該倒閉了。

關於月經的必要性，善於從經濟學倫理論的演化學家又提出一個假說——子宮內膜的週期性增厚與脫落是符合經濟學原理的。他們認為做好著床準備的子宮內膜中有豐富的血管，旺盛地燃燒著能量。如果把能量比作金錢，也就是說，這時的子宮太燒錢了。如果子宮內膜沒有週期性變化，內膜就必須長期保持在高度燒錢狀態，否則受精卵無法正常著床。若有週期性變化，只需要在排卵期之後的一小段時間內燒錢，其餘大部分時間則處於待機狀態，能量上的節省戰勝了內膜更替帶來的血液損失[166]。然而，就算我們同意能量的節省非常可觀，週期性掉肉、掉血依舊不是一個明智的策略。子宮內膜為什麼不能像丁丁一樣，不需要時就安靜地平躺在子宮裡，需要時就充血變大，迎接受精卵的到來？這樣一來，既不需要脫落也不用流血，重複使用、環保節能，響應新時代號召。為什麼造物主把這麼機智的設計給了雄性，讓他們不用忍受丁丁週期性脫落和重生的痛苦，卻對雌性動物這麼吝嗇？

最近，學者又提出了新的假設來解釋為什麼子宮內膜非脫落不可——因為子宮可以感知胚胎的品質，流產掉不健康的胚胎[170]。

但月經是僅次於生孩子和下蛋的酷刑。即使子宮內膜要脫落，為什麼我們不能像其他哺乳動物那樣，讓身體悄無聲息地重新吸收脫落的內膜？明明有一百種方法可以不流血，為什麼非要選擇最慘痛的那種？

某個學者緊皺著眉頭，說：「大概是個 bug 吧。」

其他學者附和道：「對，對，我們也覺得是個 bug。」[171]

♀ 雌性對雄性的操縱——權力的反轉 ♂

上述例子中，雌性承擔了太多，而事實上，承擔者通常有能力反選合作者。儘管雌性生殖成本高，但她們幾乎不會缺少交配對象，而且對配偶的外在容貌與內在基因品質都有考察。而雄性雖然在生育上的投入成本低，但求偶花的力氣卻不少。實際上，如果雌性在交配前有較大的選擇配偶權力，她們會傾向於和基因品質高的雄性交配。如果分不清雄性的品質，她們可以和多個雄性交配，精子最強的雄性可以讓她們受孕。但如果雌性經常被強姦，交配前選擇就很弱了，在這種情況下該怎麼辦呢？答案是，還有交配後選擇！

一九八三年，蘭迪．桑希爾（Randy Thornhill）發現了隱祕雌性選擇[172]，許多物種的雌性擁有儲存精子的器官，她們可以選擇性儲存和使用某一個或某幾個雄性的精子，排出或消化掉不喜歡的雄性強行射入的精子，即使不小心受孕了，母親的怨恨也可能使胚胎死亡或營養不良。

雌性對雄性的操縱不僅於此，雌性選擇會間接推動雄性精子的演化。果蠅擁有巨大的精子，最出名的二裂果蠅的精子長度約是體長的二十倍。研究表明，大精子可能是雌性生殖道選擇的結果，雌性的儲精管偏愛長的精子，於是雄性被迫加入了這場無休止的戰爭[173]。

此外，雌性還可以主動控制交配與受精進程。雌性孔雀魚偏愛類胡蘿蔔素色素豐富的雄性，雌性會透過延長交配時間讓這類雄性傳遞更多精子[174]。公蠍蛉向母蠍蛉求愛必須要帶上禮物——高營養的食物球，球大，交配時間就長；球小，吃完了母蠍蛉就一腳把公蠍蛉踹開。不僅如此，她們還偏愛體形大的雄性，即使接受了小蠍蛉的禮物，讓誰當爹這事還是不能馬虎的，大蠍蛉更有可能使她們受精。

如果雄性必須取悅雌性才能達成自己的交配目的，那麼就不得不說另一個讓科學家也浮想聯翩的現象——雌性高潮，這是否也是雌性選擇的一部分呢？由於我們無法採訪動物，不能定義她們的高潮，因而針對這個話題的討論就主要落在女性高潮上。

女性高潮和懷孕並沒有什麼關係（至少現在暫未發現）。女性在異性性行為中很少有高潮，六〇%～八〇%的女性不能穩定地從異性性交中高潮，有一〇%的女性從未體驗過高潮，因此學者推測女性高潮和男性乳頭一樣無用[174, 175]，可能只是男性高潮的副產物。因為陰莖和陰蒂同源，陰蒂刺激包攬了大部分的女性高潮[176]，但陰蒂刺激與懷孕並無關係。也有假說認為人類的祖先還是需要誘導排卵的，雄性只有服務到位了，引起雌性高潮，才可以獲得獎賞。但演化的過程中，人類逐漸變為自發排卵，女性高潮便沒有作用了，但也沒有危害，所以仍然存在[177]。相反的假說認為女性高潮帶來的生殖道劇烈收縮可以增加精子利用率，減少精子流失，幫助精子進入子宮頸。高潮帶來的催乳素分泌可能促進精子獲能，這些都可增加受精概率[178]。但這些假說並未被實驗證實。

雌性的體液真的對交配行為一點影響都沒有嗎？睛斑扁隆頭魚的卵巢液可以影響不同雄性精子的受精概率。

我們在前文中多次講到，雄性可以分為兩類，一類是築巢求偶的老公，一類是專門偷襲的老王。卵巢液可以提高老公和老王的精子運動速度和成功概率，但是對老公精子的促進更大，這意味著雌性主動選擇了老公階級，並為其大開後門[179]。

在動物界，強迫性行為是普遍現象，如果強迫性行為發生的成本過低，阻止它的發生就變得極為困難。在這種條件下，雌性演化出一整套防止強姦產子的系統，在一定程度上實現了權力的反轉。

第一招：把有強姦意圖的雄性往死裡打，必要時可以把他吃掉。

「生物學第一定律」是多挨幾次打就老實了。但這只適用於雌性比雄性大的生物，雌性可以暴力反抗；或者存在於由雌性長者領導的母權社會，誰敢強姦，就會被族長驅逐出境。不過，道高一尺，魔高一丈，即使雌性體形更大，更有戰鬥優勢，有些物種中的雄性也能發展出滿足自身需要的策略。比如，雌蠍子喜食雄蠍子，雄蠍子無法抑制交配衝動，就只能以身犯險。為了降低被吃掉的風險，雄蠍子會給雌蠍子注射小劑量的毒液，這種毒液通常用來麻醉小型獵物，待雌性不省人事之時，行苟且之事[180]。

第二招：關閉生殖器。

雌性細角黽蝽的生殖器有一扇小門，遇到不喜歡的雄性就會關閉小門，拒絕交配[114]。

第三招：雇個保鏢。

如果自己的身體不夠強壯，家族中的其他雌性也不夠有權力，就只能雇個保鏢。這個保鏢通常是自己的老公，他天生不願意別人強姦自己的配偶，這一點上和雌性是利益共同體。母雞被性騷擾時，就會主動尋求老公的幫助[181]。

但把自身安危寄託在別人身上，終究是不牢靠的，即使防得了外人強姦，也防不了婚內強姦。再者，保護配偶並非雄性唯一感興趣的事情，他們時常消極怠工，或跑去追求其他雌性，或貪吃誤事。

雇保鏢的初衷是用交配權換取保護。你不保護我，我就不和你交配，主動權掌握在雌性手中，但雄性可以採取固定策略——強姦落單的雌性。如此一來，雌性不得不尋求雄性保護，保護變成剛性需求，雄性就有了更多討價還價的籌碼。

第四招：強姦了也不讓你的精子成功。

靠別人不如靠自己。如果強姦很難避免，那麼就把強姦帶來的傷害降到最低。雌性形成了體內的精子篩選通道，可以把不喜歡的雄性精子從陰道裡擠出去，把喜歡的雄性精子儲存起來慢慢用。被喜歡的雄性更有可能當爹。但雄性同樣有對策，他們可以使用精液蛋白來提高自己的精子儲存率[182, 183]。

第五招：選擇性墮胎。

雌性並不是交配完就可以讓卵子受精，她們會讓精子長時間地在生殖道內遊蕩，即使最後哪個精子幸運地衝破重重阻礙和卵子結合了，雌性也可以根據自己的偏好進行選擇性墮胎。可憐的受精卵無法著床，還面臨被母體重吸收的風險，這種特殊的流產機制在蝙蝠中被發現過[184]。但雄性卻利用了雌性的流產機制，強迫再婚的雌性流掉前夫的孩子，儘快進入生育期[185]。

第六招：遺棄孩子。

時間愈往後，對雌性的傷害愈大。如果之前的重重保護都不能讓雌性捍衛自己的生育權，雌性在生產之後更有可能遺棄和不喜歡的雄性生的孩子[186]，但雌性的生育代價遠大於雄性，遺棄在大多數情況下不是最優解。

對強迫說「No」

愛情和和美美？不，兩性間的權力爭奪從來沒有停止。

鴨子的大丁丁之所以是螺旋形的，可能和高頻的強迫性行為有關[105]。因為母鴨子的陰道是螺旋形的，為了找到卵子並與之結合，公鴨子也演化出螺旋形的丁丁。但道高一尺，魔高一丈，母鴨子緊接著演化出迷宮一樣的螺旋形陰道，就算公鴨子插進去了，也未必找得到正確的路徑。那麼母鴨子陰道為什麼這麼複雜呢？因為強姦率高，不能阻止強姦，但可以阻止你當孩子爹。不過擁有這樣複雜的陰道代價也很大，丁丁進入體內愈多，愈容易造成雌性的內臟損傷，內臟損傷的結果通常是死亡。再者，接觸面積愈大，傳染疾病風險也愈高[79]。

那麼現在問題來了，鴨子是怎麼交配的呢？答案是：丁丁是軟的，具有流體的性質，對準之後，丁丁會像彈簧一樣彈進母鴨子體內，平均耗時僅〇．三六秒，隨即射精，之後一秒鐘就可以收回[79]。丁丁可以自由探索母鴨的陰道，並根據地形調整方向。丁丁進得愈深，精子排放的地方愈深，更有可能當爹。但母鴨子陰道是順時針螺旋形，公鴨子丁丁是逆時針螺旋形，從理論上來說，它們是不匹配的。喪心病狂的科學家設計了如下幾個裝置來觀察丁丁怎樣在陰道裡進退自如[79]。他們設計了四種容器，第一種是直的，實驗結果表明公鴨子可以收縮自如，雖然有時候丁丁會收不回去，但這就是長的代價；第二種是和公鴨丁丁一致的逆時針螺旋狀的，一切順利；第三種是模仿母鴨陰道的順時針螺旋狀；第四種是一百三十五度大回轉，因為母鴨子生殖道入口處有一個大轉彎。

前兩種是輕鬆模式，直管很順利，逆時針螺旋也很順利。後兩種則是地獄模式，成功率只有二五％。公鴨子在模擬陰道環境的順時針螺旋狀管子裡卡住了，在一百三十五度鈍角管內又卡住了。

母鴨子的身體就是公鴨子的地獄，而公鴨子卻以為進入了天堂。母鴨子生殖道入口處的一百三十五度大轉折足以掰斷丁丁，陰道螺旋方向和丁丁螺旋方向相反會讓公鴨子彈不進去也抽不出來。母鴨子冷笑一聲，沒有我的配合，你還是別做夢了。所以，如果你在路上看到兩隻鴨子尷尬地卡住了，別硬拉。

強姦行為對於種群總體利益有損，因為其一，使雌性死亡率增加，可產生的後代數量減少；其二，雌性選擇是性選擇的關鍵步驟，可以優化種群品質，但強姦違背了雌性意願，降低了後代品質。

雌性對雄性的性騷擾

如果你在路上看到兩隻鴨子尷尬地卡住了，千萬別硬拉。哈哈。

也很有辦法，主要是避免正面衝突，避開潛在侵害者。在鮭魚洄游的日子，棕熊可以飽餐一頓，但公共場合可能遭遇鹹豬手。母棕熊生完娃的頭兩年內對交配完全沒有興趣，一心一意哺育孩子，可是公棕熊不樂意了，撩妹撩了半天沒回應。為了使雌性快速進入發情期，公棕熊採取了一種凶狠但常見的手段——殺嬰。喪兒後，母棕熊可以快速進入生殖狀態，為殺娃仇人生兒育女。為了避免這種情況，母棕熊惹不起便躲，降低去熱門捕食地的概率，轉而跑到更偏遠、鮭魚更稀少的地段。儘管母親的體重有所降低，熊寶寶長得也不夠肥，但是好歹躲開了洶湧的熊流，保全了孩子的性命[187]。

雄性孔雀魚色彩斑斕，哪怕捕食者近視了，也能迅速捕捉到他們。相比之下，低調的雌性要安全得多。淺海區域捕食者較少，深水區域被捕食風險更大，但雄性孔雀魚並沒有紳士地將安全的淺水區送給雌性，而是牢牢把守著淺海領地，畢竟總歸是自己的命比較值錢。話說，兩性都會爭奪安全的地盤，但為什麼雌性卻更大比例地在深水區域呢？研究人員發現雄性熱衷於性騷擾，為了躲避精蟲上腦的雄性，雌性退到了更危險但雄性不太敢靠近的領地[188]。

兩性的鬥爭不僅表現在強迫性行為與反抗強迫性行為上，也表現在對彼此生理節律和受精成功與否的影響上。雄性的精子品質在一天中持續變化，而變化很可能是為了和雌性排卵的節律一致，使受精概率最大化。

♀女性在晚上排卵，母雞在早上下蛋？♂

人類會在一天之中的特定時間排卵嗎？據一些消息說大部分女性都在晚上排卵，但我認為也許只是因為大部分測排卵期的女性都是在晚上做這件事。更何況，測排卵期的試紙有一天誤差，無法精確到白天還是黑夜。

最嚴謹的做法是到醫院做B超，但等到掛號排隊檢查結束，回家已經沒有力氣造人了，不具有可行性，最終廣大備孕女性只能在半科學半玄學的指導下榨乾老公。既然女性排卵期飄忽不定，研究人員不可避免地把目光集中在男性身上。他們倔強地認為男性的身體受某種神祕節律的支配，一天之中精子品質和數量有規律地變化著。

一九九九年的一項研究認為傍晚的男性精子品質比清晨的精子品質高[189]，但二〇一八年的另一項研究說不對不對，早上的精子才更活力充沛[190]。儘管雙方爭執不下，但這兩項研究都有一個共同點，資料都來源於不孕不育中心。

還有一項研究好歹蒐集到了正常備孕夫婦的資料。聽到可以免費測精子品質，四百三十對情侶或夫妻積極參與了研究，但研究人員接下來的操作嚇退了大部分參與者。他們希望男性參與者可以穿上能測睪丸溫度的內褲，揭示其一天內的溫度變化歷程，大部分男性以不方便為由拒絕了。只有六十位勇敢的男士為科學貢獻了自己的力量。結果顯示，晚上的睪溫略高於白天，睪溫愈低，精子濃度愈高[191]。這微弱地暗示了一日之計在於晨，但些微的統計優勢對於個體基本沒有指導意義。

這些研究沒有辦法表明究竟是男性跟著女性的節律調整，還是相反，儘管通常是更想交配的一方去順著異性的節律變化。

與研究人相比，研究雞就簡單多了。母雞、公雞放一窩，裝個二十四小時攝影機就知道他們什麼時候更活躍了。結果顯示，他們的交配曲線出現了一個早高峰和一個晚高峰。這是為什麼呢？

因為母雞喜歡在早上和中午下蛋。下蛋和生孩子是類似的過程，下蛋前後交配，受精概率很低，所以母雞會決絕地擺出一副公雞勿近的姿態，公雞也識趣地走開了。等到傍晚時分，大部分母雞已經無蛋一身輕，抖擻精神準備排卵交配了。

根據「萬有節律定律」，彷彿人類也應該集中在一個時刻生產。土耳其一家醫院的資料顯示凌晨十二點到次日早上六點，孩子出生率最低，其他時間差異不大。

這可能是因為以前女性在半夜生產是不安全的，黑燈瞎火不易操作，還會打擾到熟睡的家人。儘管現代醫療讓人類可以想什麼時候生就什麼時候生，但這個史前遺留習慣還是為婦產科夜班醫護人員減負了不少[192]。

至於為什麼母雞喜歡在早上和中午下蛋，還沒有科學家深入研究過這個問題。我認為要麼這個時間下蛋在演化學上有優勢，要麼母雞受限於生理結構，不得不如此。那麼早上、中午下蛋真的會更安全嗎？首先，白天的捕食者多於晚上，試想母雞正滿臉通紅地下蛋，好巧不巧來了捕食者，跑還是不跑？如果決定跑路，已經拉出來的半個蛋是該縮回去還是拉出來？其次，即使下蛋時沒有捕食者，母雞出門覓食，留守的雞蛋被蛇吃了怎麼辦？

唯一能想到的優勢就是，早上和中午下蛋能降低蛋碎在體內的風險。蛋在生出來之前才會覆蓋上由軟變硬的殼，劇烈運動有可能會使蛋碎在體內。如果蛋殼刺穿了產道和內臟，母雞會以最痛苦的方式死去，母雞的生命顯然比蛋更重要。早上相對悠閒，母雞可以安心地下完蛋再出門，否則下午在外面帶球勞作太辛苦，摔一跤可能就把娃摔碎了，或者到點了還可能面臨找不到窩下蛋的困境。

母雞的下蛋節律直接影響了公雞的生理衝動。母雞擁有儲精管，交配一次，精子可以用十幾天，因此她們素來對交配是極為排斥的。下蛋後母雞會咯咯叫，告訴意圖不軌的公雞，現在實在不是個交配的好時候，反正我不想交配，就算你強迫我，也當不了孩子他爹，別白費力氣了。久而久之，公雞聽到母雞咯咯叫就自動沒有性欲了。

於是，公雞不得不調整自己的交配策略，他們選擇在日落時發起猛攻，這時老蛋已經產出，新蛋正在孕育，是最好的交配時間。此時，公雞不僅最為活躍，產生的精子數量也是一天裡面最多的[193]。從早上母雞睡醒到開始下蛋的一小段時間，雖不是最佳的受精時段，但一些公雞按捺不住，所以清晨也有一個小高峰。這時的精子雖然不能直達未來新蛋受精的地方，但可以暫時儲存在儲精管中。母雞下蛋後，若沒有再次交配，就會啟用儲精管裡的精子。

可是公雞間的競爭集中在晚上，使母雞不堪其擾。

九二%的交配行為是由公雞發起的，其中大多數情況下，母雞是拒絕交配的，然而拒絕大多無用。公雞的性別比愈高，性騷擾情況愈嚴重。母雞偶爾會主動邀請中意的公雞交配，對母雞來說，傍晚交配受精概率最大，和喜歡的公雞交配最開心，兩者同時發生，雞生就完美了。

在公雞數量少的群體中，母雞經常能如願邀請公雞共度良宵，但如果處於公雞數量多於母雞的群體中，母雞一旦在傍晚表現出對公雞的挑逗，一群公雞就會像餓狼撲食一樣攫住母雞，自己的意中人可能根本打不過那群精蟲上腦的公雞。

母雞只能見到公雞就躲，轉而選擇在公雞性欲普遍不夠狂暴的早晨，悄悄地和情郎私會，把精子儲存在體內以備不時之需[194]。

生殖權力體現在能不能根據自己的意願交配，母雞的下蛋期極大地操控了公雞的性行為，公雞肆無忌憚的強姦又極大地操縱了母雞的交配權，母雞從體力上無法和公雞抗衡，但體內卻有儲精管最後把關，爭奪生育主動權。

兩性的爭鬥從未停止，但有趣的是，一方永遠不能完全戰勝另一方，因為你中有我，我中有你。

爭奪交配權和生育權為什麼這麼重要？因為，這些生殖權的背後是生存權——優先享用資源的權力。

兩性誰在其中發揮的作用更大，誰掌握主動權，對應的權力就更大。或許更值得注意的是，生殖權還很大程度地影響了演化方向和未來的權力格局。

選對象和家畜育種一個道理，雌性如果有權力，便可以持續選擇順從、愛帶孩子的雄性，經過多代的培育，雄性會變得愈來愈任勞任怨，雌性的權力則愈來愈大。相反，雄性如果有權力，他就可以持續選擇順從、忠貞的雌性，經過多代的選擇，雌性會以夫為綱，爭立貞節牌坊，雄性的權力則愈來愈大[195]。

性是權力的原因，也是權力的結果。上一代會基於兩性權力結構，爭奪交配權和生育權，爭奪的結果又決定了後代的性別權力格局。

個體的暴力，讓體形小的雌性無力反抗強姦。演化產生制度的暴力則能讓母權社會的強姦者無處遁逃。性暴力的背後是性別權力失衡。近年來有學者提出暴力不是獲得權力的唯一途徑，不可被掠奪的資源和知識在其中也產生至關重要的作用。設想一雌一雄生活在孤島，只有雌性知道哪裡可以找到食物和水源，即使雄性從力量上遠勝於雌性，他也無法輕易侵犯[196]。

弱者的反抗扭轉了規則制定權，雌性的身體是最後一道防線。然而，反抗一個性別對另一個性別的壓迫，發展到極端就成了另一種壓迫。

第八章

母權社會下的新壓迫

♀母權社會的性與愛♂

母權社會中，雄性確實經歷著父權社會下雌性遭遇的不公。

斑鬣狗的母權社會中，家族內所有的雌性地位高於雄性，雌性更大、更重、更具有攻擊性，吃飯時享有優先權。斑鬣狗的社會等級明顯，社會等級高的媽媽生育的後代數量更多，她的孩子吃飯時也享有優先權，雌性後代成年後，更可能成為社會等級高的家族成員[197]。

當然，鬣狗最出名的不是母權社會，而是雌性長出了和雄性丁丁外觀類似的假丁丁，假丁丁實際上是雌性增大的陰蒂，可以勃起卻不能射精。更神奇的是，母鬣狗甚至發育出了假的陰囊。

母鬣狗交配時，需要先把假丁丁收回腹內，公鬣狗的丁丁再從母鬣狗的假丁丁中插進去。如果母鬣狗不縮回假丁丁，公鬣狗無法強迫交配。

生孩子是初產鬣狗媽媽的噩夢，孩子需要從假丁丁中通過，六〇%的頭胎嬰兒卡在假丁丁裡出不來，有些胎兒會窒息而死。成功生產的鬣狗媽媽的假丁丁會有不同程度的撕裂，方便生二胎。

既然假丁丁這麼費事，到底有什麼作用呢？對此有兩種假說。第一種假說認為假丁丁沒什麼作用，只是演化的副產物。但問題是假丁丁分量不輕，代價很大，為什麼沒被淘汰？第二種假說認為舔（假）丁丁是鬣狗特有的問候儀式，就和人類的鞠躬一樣，地位低的向地位高的鞠躬，表示臣服。六九％的舔丁儀式發生在雌性之間，一九％發生在雄性之間，一二％出現在雌性與雄性之間（且大部分是涉世未深的未成年雄性），所以這個儀式沒有很大的性暗示意味。

舔假丁丁在鬣狗社會中很普遍，如果雙方有地位差別，通常由地位低的舔地位高的，如果地位差不多，則雙方會友好地互舔。但和鞠躬不一樣的是，不是所有的鬣狗都有資格舔女王的假丁丁，女王殿下只對地位最高的幾隻雌性、偶爾還有地位最高的雄性抬起自己高貴的左腿。舔女王假丁丁是上流社會的特權，表示女王瞧得起你，雌性為了爭奪這項特權不遺餘力。舔假丁丁有兩個好處，一是可以準確地知道自己的社會地位，二是可以增強信任，利於群體穩定。

母親們會從小訓練孩子互相舔丁丁，然而熊孩子下手不知輕重，可能造成嚴重的事故。同理，女王如果把假丁丁放在敵人嘴巴裡，說不定直接就被扯爛了。我把最脆弱的地方開放給你，說明我信任你。個體自私讓位於群體利益的關鍵一環就是信任[198]。這種信任建立的方式在動物世界並不少見，黑猩猩也會把手指放到對方口裡，斷指的黑猩猩將失去生存能力，但我相信你不會傷害我。

倭黑猩猩也是母權社會，這些人類近親最出名的是和人類相比有過之而無不及的羞恥戲碼。猩猩們會花費大量時間進行性活動，不論性別、不分年齡都可以啪，性行為也完美地融入日常生活，成為茶餘飯後的玩資。高興了啪一下，不高興了啪一下，合作之前啪一下，競爭之前啪一下，仇人變朋友，一啪解千愁[199]。

處於發情期的雌性倭黑猩猩紅色的外生殖器明顯腫脹，不僅對雄性有致命的吸引力，對其他雌性而言，也是不小的誘惑。既然說了誰都可以啪，自然不分性別。雌性倭黑猩猩最常見的姿勢是面對面抱著摩擦生殖區域。其中一隻雌性四肢撐地，另一隻雌性雙腿夾著對方的腰部，雙手環繞對方的脖子，相互摩擦，嘴裡還不時發出體驗高潮快感的笑聲和尖叫。

在如此有愛的大環境中，雄性自然也不甘落後，仗著有丁又有蛋的優勢，開發了更多姿勢，比如，背靠背、屁股頂屁股的搓蛋行為，面對面的丁丁擊劍術，一方騎在另一方背上等。

傳教士一定不知道，他們推廣的散發著人類文明之光的姿勢也被倭黑猩猩廣泛而頻繁地使用著，甚至他們還超越了人類，掌握了用靈巧的其他器官享樂的技巧。除此之外，倭黑猩猩還有一點和人類類似，他們的性不止是為了生育。雌猩猩每五、六年才生一個孩子，不需要生育時，她們仍然源源不斷地產生欲望。一個排卵週期中，除了月經期，她們大部分時間都是性欲勃發的。

科學家反覆思考，倭黑猩猩沒有節制的性愛究竟有什麼作用？把一切都歸結於享樂是太偷懶的做法。有科學家提出假說認為倭黑猩猩採取的是性愛外交，用愛取代暴力。

那麼，啪的時機就很重要了，或是出現在潛在衝突發生前，或是出現在衝突發生後。

有些性愛外交發生在衝突發生前。在一個實驗中，實驗人員拋給猩猩群一個玩具，每一隻猩猩都想玩，放在其他物種中，這時候肯定大打出手。但倭黑猩猩不一樣，他們立即開始互啪，平穩地回避了衝突，再謙讓有禮地逐個玩玩具。

有些性愛外交則發生在衝突發生後。另一個實驗裡，一隻雄性和雌性正如膠似漆地談戀愛，這時另一隻眼饞的雄性怒不可遏地想趕走雄性，獨占雌性。不料大打出手後，兩隻雄性英雄惺惺相惜，竟然把雌性晾在一邊，背靠背開始搓蛋，結下了深厚的情誼。

啪啪啪不僅有助於集體減小摩擦，還有另一個關鍵作用，幫助外來的雌猩猩融入新集體。在有性繁殖的物種中，為了防止近親繁殖，青春期的雌性或雄性，其中一方要離開原生家庭，加入別人的家庭中繁殖。

倭黑猩猩採取的是性愛外交，用愛取代暴力。仇人變朋友，一啪解千愁。

倭黑猩猩主要是雌性遷移[200]。通常雌性遷移的物種，雌性由於缺乏血緣連結，社會關係薄弱，權力較雄性更小。然而奇怪的是，雌性的倭黑猩猩地位比雄性稍高，雄性的地位高低主要看他媽媽的地位高低。雌性間的聯繫很緊密，手握大權。在雌性遷移的狀況下，新進門的媳婦很難辦，丈夫不管事，婆婆很凶狠，如果不能融入婆婆的交際圈，那就混不下去了。於是新來的雌猩猩會和老雌性啪，只有和老雌性建立了穩定的關係，才能被接納。直到她們生下自己的孩子，地位才進一步穩固。

極端的「母權」

極端的母權社會，雄性甚至喪失了自我，只剩下生殖器官，他們沒有能力決定何時去生孩子，也沒有辦法提出離婚。對於雌性，雄性只是一個工具。

大齒鬚鮟鱇分布稀疏，因此找對象是個大難題。科學家捕撈了一批鮟鱇魚，卻發現全都是雌性，這樣一來怎麼交配呢？後來研究者發現雌性身上有一些「寄生蟲」，這些寄生蟲正是雄性鮟鱇魚，他們比雌性小太多，以至於我們很難想到他們是同一物種。

海洋裡較小的雄性鮟鱇魚一旦遇上一隻雌性，就會咬住她的皮膚，真正地和她融為一體，雄性從雌性身上汲取一切養分，自己只負責提供精子。

由於懶惰，他拋棄了一個獨立生物維持生存的各種器官，成了一個混吃等死的附屬品。一個雌性可以供養最多六個老公，從此她想寵幸誰就寵幸誰，想生誰的孩子就生誰的孩子[201]。

前文提到裂脣魚的性別會從雌性變為雄性，雙鋸魚則相反。雙鋸魚出生時雌雄莫辨，成年後為雄性，雄性終其一生都在變成雌性的道路上拚搏著[202]，因為雌性掌握著交配大權。小群體中，最年長強大的雌性才是皇帝，她統領著一群雄性和未成年的小魚。雄性中最能打的是皇后，皇后一直覬覦皇位，一旦皇帝死亡或被人為移除，皇后就開始了變性之旅。通常六十三天之內，皇后就可以變身成功，從雄性變為雌性，變身後最快二十六天就可以產卵了。

雌性除了欺壓雄性，高等級雌性還可能欺壓低等級雌性。這就不得不提到令人生畏的社會機器了——真社會性動物[8]，代表物種是螞蟻、蜜蜂、馬蜂和白蟻。他們的特徵是高度分化的社會分工和生育分工。蜂后生了一批沒有靈魂的機器人：一部分是雄性，用來交配，交配結束便魂歸西天；一部分是雌性工蜂，被抑制了生殖，全身心投入工作。蜂后可以活兩、三年，工蜂和雄蜂卻只能活幾週。而在沒有蜂后的巢穴裡，工蜂可以恢復生殖能力。

有沒有工蜂曾反抗被決定的命運呢？

也許是有的。蘆蜂現在過著獨居的生活，祖先卻是真社會性生物。這並不符合演化的一般趨勢，我們曾以為演化的方向是從簡單到複雜，現在卻發現歷史循環往復，沒有唯一正確[203]。不管是不是社會性動物，我們彷彿都一樣地恐懼同類，渴望自由。

蟻群的生育法更為嚴格，蟻后會率領一群工蟻定期進行生育檢查，如果發現有工蟻擅自產卵，這些卵會被就地正法[204]。

這種駭人聽聞的生育政策，只能在一個等級森嚴的社會嚴格執行下去。只要當權者可以很容易地壟斷一種資源，比如食物，極權主義就易於產生，並且很難被顛覆。比如在雞舍，如果飼料槽和水源稀少，地位高的個體就會霸占資源，不允許某些地位低的個體進食，不需要戰鬥，就可以輕鬆地剷除異己。如果在野外，食物分散在各個地方，地位低的個體找到食物，等不及地位高的個體來搶劫，就吞下肚了，不服從不等於死亡，地位低的個體就有了更大權力與頂層抗衡。

侏獴的食物很分散，高地位雌性對低地位雌性的控制並不完美，但她們仍舊不放過每一個可以打擊對手的機會。不甘心的高地位個體經常偷竊低地位個體的食物，這種偷竊可能只是收保護費的一種形式。有意思的是，雄性會無分別地偷竊雌性和雄性的獵物，雌性卻特別喜歡偷雌性的。

對於雞而言，吸引一隻公雞，只需要一隻母雞；吸引一隻母雞，只需要一隻蟲子；而打壓一隻母雞的最好方式，莫過於搶走她的食物[205]。

8 社會性動物（Eusociality）有如下特徵：1.動物群體內部形成明確等級和分工，部分個體可育，負責繁殖，部分個體不育，負責工作；2.成年個體多世代共存；3.共同撫育後代。

做為女王的「鈕鈷祿」裸鼴鼠更為狠辣，她們釜底抽薪，省去了巡邏，少掉了算計，直接讓其他雌性沒有性欲，自然不孕不育了。後者受女王尿中外激素的抑制，導致內分泌系統大變樣，既不排卵也不發情，變成了女王殿下忠誠的僕人。這些僕人如果被單獨拎出來，獨處一段時間，就又能思春了，可是一把這些可憐的思春少女放回女王身邊，她們又立即無欲無求。雄性也被女王嚇得不輕，沒有被寵幸的雄性自覺增加了精子的異常率，他們能夠很好地控制自己的下半身，絕不拈花惹草[206]。

為什麼這些處於弱勢的雌性寧願放棄自由也要留在群體裡？有研究發現相比獨立繁殖的生物，合作繁殖的物種更能適應極端環境，畢竟團結才能活下去[207]，而放棄生育權或許是為了融入集體所必須付出的代價[208]。如果階級流動是可能的，今日的忍辱負重也許會換來未來的回報。

♀為愛獻出生命的雄性♂

雄性蜘蛛的交配是自我奉獻，因為雌性蜘蛛會吃掉自己的伴侶補充能量。但自我奉獻並不一定有用，雌性擁有兩個儲精囊，她可以選擇讓雄性填入一個或兩個儲精囊。如果遇上喜歡的對象，她會讓對方把兩個都填滿，增加當爹概率；遇上不喜歡的對象就終止交配，或者只讓對方填入一個儲精囊。雌性比雄性大得多，弱小的雄性幾乎無力操縱雌性，註定是一場不公平的交易，竟然要一方以生命做為彩禮。對於蜘蛛而言，婚禮就是雄性的葬禮[209]。

雌性螳螂也會吃掉自己的伴侶。伴侶是極佳的營養來源，吃掉伴侶的雌性相對於沒有吃掉伴侶的雌性，明顯產下更多卵。然而，如果雌性吃掉等量的食物，產卵數量甚至多於吃掉自己的伴侶。如果雄性螳螂獻上足夠的食物或許可以撿回一條小命[210]。

這種愛的獻身究竟是愛到極致，還是愛的異化，是愛到喪失自我，還是兩性權力失衡？

交歡了，卻沒有我的 DNA

從微觀角度來看，雌性把守了受精的最後一關，而有了更多搞小動作的機會，甚至可以控制受精卵的發育方式和後代的 DNA 構成。

兩條花鱂魚生下了一群魚寶寶，隨著魚寶寶年歲漸長，魚爸爸發現一個問題：為什麼我的孩子都和媽媽是一個模子裡刻出來的，和我卻一點都不像呢[211]？他的擔心不無道理，原來魚爸爸茉莉花鱂和魚媽媽秀美花鱂並不是同一個物種。跨物種婚戀讓魚爸爸著實沒有安全感，細細思量，孩子他媽可能出軌了。

然而，事實要比這複雜得多。魚媽媽沒有不忠，因為魚媽媽的種群裡全是雌性，找不著一個同種的雄性來出軌，但魚爸爸憑直覺的親子鑑定也被證實是正確的，因為他的親生孩子並沒有繼承他的 DNA。

這種假受精的生殖方式被稱作雌核發育[9]。雌核發育不同於孤雌生殖，孤雌生殖不需要雄性參與，雌性可以自主繁衍後代，但在雌核發育過程中，生殖必須有精子參與。然而，通常以雌核發育方式繁殖的種群幾乎全部由雌性構成，造成了雌核發育物種的生殖難題。無奈之下，女兒國的雌魚只能將魔爪伸向了遠親，突破了物種間的生殖隔離，借他們的精子用用。

精蟲上腦的雄魚欣然接受了雌魚的挑逗，然而這筆交易卻不公平，一旦卵子被精子啟動，精子的 DNA 就被打包踢出了家門。兩者共同的後代全部都是雌魚的復刻。在精子呼籲自己合法權益時，卵子早已把精子視作貪得無厭的寄生蟲[212]。

那麼問題來了，對雌性而言，孤雌生殖快速、便捷、獨立、自主，為什麼非要雄性來摻和一腳？對雄性而言，費盡心思地跨物種結合，最後自己的 DNA 還沒有被繼承，何苦呢？

這等怪事發生的原因尚無定論，但至少要有一個性別從中獲利，這種繁殖方式才可能存在。對此有幾種假說。

第一種，精子 DNA 可能少量插入了卵子 DNA，但是由於技術限制，我們沒有發現。這樣一

9　雌核發育（gynogenesis）：胚胎染色體幾乎全部來源於雌性，雄性的精子只是參與了卵子啟動，並沒有把自己的遺傳物質傳遞下去。

來，雌性可以增加基因多樣性，雄性則好歹留了一點自己的種子。第二種，極少數的精子在反抗卵子大屠殺過程中倖存，強行把自己的一套染色體組傳了下去，形成了三倍體的後代。這樣對雄性來說，仍舊是划算的[213]。第三種，這種生殖方式不穩定，只是演化過程中的一條錯路，很快就會被淘汰。

有性繁殖的主要優勢是能夠快速整合好基因、扔掉壞基因，無性繁殖的主要優勢是能夠快速填滿這個環境，而不僅是多繁衍。因為環境能承載一個物種的數量是有限的，可是這種沒有基因交換的有性繁殖成功聚集了以上兩者的缺點[213]。畢竟，找其他物種借精子不確定性很大。

另一種以雌核發育的方式繁殖的桿狀線蟲則開發了新玩法來克服借精的不確定性。她們飼養了一批同物種的雄性以供取樂，交配後如果卵子丟棄了精子DNA，卵子便會發育為和母親染色體一樣的雌性後代；如果精子和卵子融合了，這顆受精卵則會發育為雄性。也就是說，雌性和雄性的遺傳物質是分開傳遞的。女兒只會繼承母親的DNA，她們沒有父親這個概念。雄性是父母愛的結晶，但是他們的基因未必能傳給下一代。此外，為了防止自己的兒子被其他種群利用，母親還控制了兒子的擇偶觀，讓他們對親姐妹有出乎尋常的「性趣」[214]。於是，桿狀線蟲雄性的數量通常控制在群體的一〇%以下，就已經可以讓整個種群有旺盛的繁殖力了。

雜合發育[10]也是一種跨物種愛戀。雜合發育的群體大多數是雌性，必須尋找外族的雄性婚配。但雜合發育的雌性比雌核發育的雌性多付出了一點真心，因為雜合發育的後代基因型是雜交的，一半來自父親，一半來自母親，不像雌核發育的雌性所有的後代基因型都和自己一樣。然而，雖然她們沒有剝奪伴侶做父親的權利，卻剝奪了他們做外祖父的權利。

研究人員發現，一種全是雌性的孤若花鱂和另一種有性繁殖的雄魚光若花鱂交配，後代含有一半來自孤若花鱂的基因和一半光若花鱂的基因。然而，來自孤若花鱂的一半基因和孤若花鱂祖先身上的一半基因高度相似。如果他們是有性繁殖的，那麼雌孤若花鱂祖先的基因就會在每一次繁育中被雄性光若花鱂稀釋；如果他們是雌核發育的，那麼後代體內應該只有雌性孤若花鱂的基因[215]。可是他們的後代卻擁有父體和母體各一半的基因，同時來自母體的基因又沒有被稀釋，這究竟是怎麼回事？

10 雜合發育（Hybridogenesis）：母親的一半遺傳物質來自於外祖母，一半遺傳物質來自於外祖父，母親在產生卵子的過程中，只把來自外祖母的遺傳物質放進卵子裡，丟棄了來自外祖父的遺傳物質，所以女兒體內只有一半來自外祖母的遺傳物質，一半來自父親的遺傳物質。女兒在產生卵子時也只保留了外祖母的遺傳物質，丟棄了父親的遺傳物質，所以來自母系的遺傳物質一直克隆下去，父系的遺傳物質存在一代就被丟棄了。

原來他們女兒的卵子裡只含有來自母親的 DNA，沒有父親的。普通的兩性繁殖，卵子中應含有來自父母雙方各一半的遺傳物質，可是雜合發育的後代在產生卵子時，把老爹的遺傳物質毫不留情地扔掉了。

不同世代的卵子裡一〇〇%都是母親的 DNA。於是母親的基因得以世世代代傳遞下去，在女兒身上有五〇%，在孫女身上有五〇%，在重孫女身上還有五〇%，沒有兩性繁殖帶來的衰減[216]。在合作繁殖的物種裡，我們還發現了另一種社會性雜合發育，這些物種透過統治生育來統治社會。西班牙箭蟻的蟻后可以無性繁殖，產生和自己基因型相同的繼任蟻后，以及有生育能力的單倍體雄性。這些可育的後代從基因來看都是純正的自己人。

除此之外，蟻后會和其他族系雜交形成沒有生育能力的工蟻。因為工蟻擁有來自父親和母親各一半的基因，所以蟻后使喚工蟻也不像使喚自己純親生骨肉那樣心疼了，畢竟螞蟻可是有著奴役外族戰俘的惡名。由於工蟻不能產生後代，父親的 DNA 就在這裡斷了[217]。

有雌核發育，對應的也有雄核發育。顧名思義，是指雌性和雄性交配，後代卻只繼承了雄性的基因。但這比雌核生殖少見，因為精子除了 DNA 之外啥都沒有，所以一定要進入卵子才有可能發育。到了別人的地盤，自己不被幹掉就萬幸了，還想著把卵子 DNA 給掃地出門？精子單槍匹馬競爭不過卵子DNA，但如果精子裡有兩套染色體（二倍體）或者兩個只有一套染色體的精子（單倍體）同時受精卵細胞，二打一就有可能綁架卵子。有時倔強的卵子DNA沒有辦法被完全清除，甚至會直接和精子融合成三倍體。但這種情況占少數，多數雄核發育只有在無核卵細胞裡才能實現[218]。如果精子和卵子結合後，精子的遺傳物質被扔掉，那麼科研人員會稱精子是卵子的寄生蟲。如果相反，精子把卵子的遺傳物質擠走，科研人員則稱精子綁架了卵子。從這些生動的描述中，我們可以想見精子的一生有多麼艱難。

公象如此粗糙，怎能不分居？

在一起總是你爭我奪，那麼不如分開。社會性動物經常會驅逐某一性別的性成熟後代，於是家族大致維持在單性別狀態，此時家族有兩個選擇。

第一，吸收流浪的異性，形成一個可以內部繁衍的雙性家族。

比如，紅吼猴就形成了雙性別團體，幾乎所有的孩子都出生在雙性別團體中，然而除此之外，還有大量流浪的單身漢，這意味著少數雄性占有了多數雌性。

觀察發現，雙性別團體占據了最優的領地，食物充足，而單身漢被迫生活在貧瘠的地方，根本找不到對象。他們是戰爭中的落敗者，無時無刻不想著聯合在一起，嘗試打倒上層階級的雄性，奪回雌性和財富[219]。

第二，雄性和雌性分別形成單性家族。在非繁殖季，不同家族各過各的生活，互不干擾，只在繁殖季才去尋找異性交配，等短暫的發情期一過，就回到原來的家族。雌性互相幫助，養育孩子，雄性則與其他同性保持著互相依賴、相互競爭的微妙聯繫。

哺乳動物中的兩性分居多為雌性主導，雄性後代成年後被迫離開母親，而母親卻和女兒形成緊密連結，有親緣關係的幾個雌性長輩會和她們的女兒們共同組成一個單性團體。

有多種假說試圖解釋分居現象，比如，兩性吃的東西不一樣，棲息地不一樣，被捕食的風險也不一樣，所以兩性最適合的生存模式有差異。如果兩者都不願意相互妥協，那麼就各過各的。

大象是典型的母系社會。一個最小家庭單位通常由十頭母象組成，一片區域內的多個家庭會形成鬆散的「分裂融合」[11]社群結構。母象每四、五年繁殖一次，孕期近兩年，隨後又是長達三、四年的哺乳期，漫長的等待把發情的公象都逼得發了瘋。

小母象會繼續留在象群裡，但青春期的小公象會被母親拋棄，孤苦無依。在危險的自然界，他們不得已只能加入陌生的公象群體，疏離的血緣關係註定了小公象的成長之路比小母象艱難得多。

研究人員為了理解母象群社會地位的代際傳遞如何影響著小母象的成長。他們移走了母象群裡的部分媽媽，看看失去母親的小母象這個時候會發生什麼狀況。研究假設有兩種可能：第一種，小母象直接繼承母親的社會地位，和其他雌性長輩平起平坐；第二種，小母象做為孤兒依附於其他母象，等自己年紀大了開始繁殖之後，再擁有穩固的社會地位。

研究人員觀察發現小母象能夠順利繼承母親的社會關係，迅速成長為可以獨當一面的成熟母象，省去了按資排輩的環節。

當然象群的領袖仍舊是年長的母象[220]。與此相對，小公象的晉級之路卻需要熬資歷。年紀大

11 分裂融合社會（Fission-fusion society）：很多群居生物的社群大小隨著時間動態變化，有時形成大社群，有時分裂成小社群。

的公象不僅地位更高，還會打壓地位低的公象，不讓其繁殖。南非一隻剛成年的公象在狂躁的發情期大肆毀壞生態環境，一連殺死了四十隻無辜的犀牛。無奈之下，當地環境保護人員緊急送入了六頭成熟的公象，老公象狠狠地教訓了騷氣的年輕公象，並成功地抑制了他的發狂行為[221]。

年輕公象對老公象又愛又怕，即使經常被年長的公象按在地上摩擦，初次脫離娘家的小公象也有許多事情需要向老公象學習，他們喜歡和中年與老年成熟公象做鄰居，學習為象的處世之道[222]。

母象和公象通常分群而居，可能是因為母象一生之中需要公象的時間實在太少，每五年繁殖一次，公象又不帶娃，一丁點生活習慣上的差異就足夠讓他們分離。

母象的生活十分單一，吃飯、睡覺、奶娃娃，她們有更挑剔的味蕾，只吃植物營養豐富的部位，不惜耗費更多時間搜尋食物。而公象的食物多樣性低，他們寧願把一株植物從頭到尾吃乾淨，也不願意挑挑揀揀，四處搜尋新的食物。

這可能是因為公象有更重要的事情要做，比如，提升自己的社會地位、求偶和交配。母象可能是因為不能忍受公象的粗糙，才憤而提出分居的要求[223]。

這與希臘神話裡的亞馬遜人部落很像。據說亞馬遜人就是純女性部落，每隔一段時間她們會和外界的男性交媾，生下女孩就留在部落中，生下男孩就扔給他們的父親。兩性分居的情況在很多動物群體裡都有發生，比如魚類、鳥類和大部分兩性體形差異大的哺乳動物。

♀同居家庭的難言煩惱♂

分居的家庭都一個樣，同居的家庭各有各的煩惱。母鹿控訴公鹿張揚的鹿角給自己和孩子帶來了生存危機，因為捕食者老遠就能看到公鹿搖晃著自己的大腦袋。於是，母鹿毫不留情地將公鹿趕出了家門。可是公鹿十分委屈，他們耗費巨大能量生長的鹿角只是為了博母鹿一笑。蜜月期你還誇我性感，交配完怎麼就翻臉不認人了，難道我只是一個長角的精子庫？為了不被拋棄，公鹿放棄了自己的尊嚴，愛的季節一過，他們就會褪去鹿角，偽裝成一隻母鹿混入娘子軍[224]。

不是所有的雄性都有為愛做出犧牲的機會。密氏倭狐猴為了抵禦雄性的性騷擾組成了睡覺聯盟，睡覺團的雌猴通常有血緣關係，她們十分珍惜舒適安全的巢穴，所以會聯合起來抵抗其他生物的搶占，尤其是雄性小嘴狐猴的侵占。大家一起睡覺還可以降低被捕食風險、防止熱量散失等。被雌性排斥的雄性只能自己睡，到了夜深人靜時，胸口會湧起一陣孤獨，此時只有願意一起睡覺的好基友可以慰藉了[225]。

獅子是一夫多妻動物，但雄獅實在沒什麼可羨慕的。獅群通常由二～十八隻雌獅和一～七隻雄獅組成。雌獅是團隊的基幹，可以從母親處繼承土地。一個獅群的雌獅通常有密切的血緣關係，能夠互相幫助，而且她們從小在這片土地上成長，更清楚食物分布，因此承擔了大部分的捕食任務。娶多個配偶無論擱在哪種生物身上都不是一件容易的事，雄獅以及許多雄性哺乳動物採取的策略是——入贅。

雄獅有興致時也會捕獵，可是經常空手而歸，他們更在意的是保衛家園。雄獅的入贅看似撿足了便宜，不用買房，不用捕食，輕鬆享有三妻四妾，但一夫多妻的社會危機四伏。

獅群內平均每隻雄獅有兩個配偶，也就說明在性別比接近一的情況下，獅群外還有半數遊蕩雄獅沒有配偶。一夫多妻極大地加劇了雄性競爭，遊蕩的雄獅隨時準備侵占這群雌獅，登上人生巔峰。因此，有領地的雄獅不得不將大把勞動時間分配在保衛領地的任務上。

獅群內的雄獅有很好的團結意識，可以輕鬆驅逐單個入侵雄獅，然而，如果一群雄獅進攻，有時就難以招架了。獅群內的雄獅不斷地面臨挑戰，一旦失敗，就會被驅逐。他們的孩子要麼同被驅趕，要麼被殺死，而雌獅們則依然會留在那片土地上，為新來的雄獅生兒育女[226]。

即使雄獅保衛住了自己的家園，他們的兒子成年後依舊會離開，成為流浪雄獅裡的一分子。年輕的雄獅抱團取暖，學習著如何挑戰享有一切資源的中年雄獅，等他們得到了權力，就站到曾經的對立面，抵抗著比他們更年輕、更強壯，卻沒有什麼經驗的後輩，直到一朝失敗，落回一無所有的境地。

群體不可能無限增大，這是造成獅群驅逐後代的根本原因。說完了獅子，公老虎的日子也不容易，要不怎麼稱凶悍的女性為母老虎呢？老虎是獨居動物，唯一的長期社會關係就是母親和子女的關係。每一隻老虎都有自己不可侵犯的領域，每兩、三週，他們就會巡邏一次自己的領地，並向樹幹上噴灑有著自己獨特味道的氣體和液體。如果有一隻老虎犯懶忘了這樣做，其他老虎就會以為他掛了，紛紛來收割遺產。

老虎主要透過氣味交流，但通常不是為了社交，相反，恰恰是為了避免社交。面對面社交會給老虎造成極大的壓力，如果有不識趣的老虎誤闖入其他老虎的領地，主人的吼聲可以穿透叢林，嚇退敵人。

然而，患有社交厭惡症的成年老虎有一件事是不能逃避的，那就是交配。一想到要和平時十分嫌棄的同類零距離接觸，老虎的額頭就擰在一起了。

熱帶的老虎全年都可交配，這真是個令虎心碎的自然設定。公老虎的領地通常會和幾個母老虎的領地接壤，這樣他就可以摸索出各個配偶的生理期，合理安排造娃運動。

為什麼把女人比作「母老虎」？老虎交配的前戲就是母老虎撕打公老虎。

母老虎每二十五天進入一次發情期，每次持續五天。如果懷孕，產子後兩、三年都會專心帶娃，不問情事。母老虎發情前會提高在領地留下氣味的頻率，公老虎需要準確判斷氣味的含義。

如果理解錯了，在不該出現的時候出現在母老虎的地盤，就會遭到一頓暴打。

不過即使理解對了，還是會被打。老虎交配的前戲就是母老虎踢打撕咬公老虎，公老虎為了爭取交配的機會，只能打不還手、罵不還口。母老虎挨爽了，就會做出誘惑公老虎交配的姿勢。交配一結束，一點閒著時間都沒留給公老虎，母老虎會邊打邊把對方踹出自己的領地，頗有點卸磨殺驢的意味[227]。

確實，位於食物鏈頂端的老虎沒有擁有社會性的必要。一個人就可以打獵養活自己和孩子，為什麼要犧牲自由去和另一頭老虎共同生活？對於沒有天敵（除了人）的老虎而言，同類比其他生物更值得懼怕，他們既不需要聯合起來抵禦外敵，也很少需要合作捕食。相反，同類的存在卻可能讓生存變得更加困難。老虎不用擔心麻雀來搶食物、領地和配偶，他們的利益沒有衝突，但是同類的利益訴求彼此一致，一旦有了競爭，他們就必須比原來更加努力才能享受同樣的生活水準。

雌性與雄性圍繞著性的對抗、父親與母親間的鬥爭，在不同的物種裡，可能會呈現出不同的權力結構布局。在這種鬥爭裡，獲勝的一方就能夠建立起性別的專制，打造出我們稱之為「父權」或「母權」的社會。贏家總在變換著角色，跟隨兩性權力的布局，此消彼長，但在被忽略的戰場外，輸家卻非常恆定，做為弱者的孩子常常淪為性別戰爭裡的工具。

第九章

做爲弱者的孩子

動物都會照料子女嗎？

我們的文化一直都有對父母無私的愛的歌頌，但人不是僅有父母都會參與撫養後代的生物。自然界中，動物也會照料子女，只是動物的照料行為並非像我們想的那樣無私且崇高（也許人也不是）。決定動物是否會照料子女的重要因素之一是孩子離開了爸媽會不會死。爸媽照料所有孩子的時間、能量有限，如何用有限的成本製造最大的收益是他們考慮的首要大事。

比如說，爸媽總是糾結於到底是好好撫養剛生的娃，還是趕緊去生下一胎。如果不停地生的結果是每一個孩子都因缺乏照料而大概率掛掉，活到性成熟個體的數量可能還不如適當照料、使孩子較為平穩地度過死亡率最高的時期來得多。

父母的愛對後代的生存率至關重要，研究發現失去母親照顧的蟲卵，死亡率上升十倍，失去父親則上升三倍[228]。儘管如此，自然界大部分父母都是不管孩子的。除了吃喝拉撒睡以及大吵大鬧，其他什麼都不會的人類嬰兒應該感到慶幸。在已發現的魚類中，只有三〇%的科屬出現了會帶孩子的物種，但大部分是單親家庭，更令人震驚的是，其中五〇%～八四%都是孩子他爹承擔養育責任[229]。

爬行類的父母也很不負責，只有極少數物種會照料後代。相比鳥媽熱愛孵蛋，爬行類為愛做出的最大犧牲就是守著窩，防止蛋被吃掉。也許是爬行類動物自己都需要晒太陽，並沒有多餘的熱量分給孩子，又或者是因獨特的溫度決定性別的機制——孵蛋條件可以改變娃的性別。一些爬行類物種中，父母可以調控後代性別比，以使利益最大化。海龜和陸龜的蛋中，低溫孵化出雄性，高溫孵化出雌性，蜥蜴和短吻鱷則恰好相反。豹紋守宮的卵在三十二攝氏度下孵化為雄性，二十六攝氏度下孵化即為雌性[230]。也有一些爬行類動物在高溫和低溫都會產生雌性，不高不低的溫度才產生雄性。

怎樣才能調控孵蛋溫度呢？選擇不同溫度的產卵地。孵化溫度與太陽強度和照射時間正相關。海龜如果想生雌寶寶，就會把蛋下在陽光更充足的地方；如果想生雄寶寶，就把蛋下在植被茂密的地方[231]。塞島葦鶯在低品質領地上孵化的七七%都是雄鳥，在高品質領地上孵化的後代只有一三%是雄鳥。比父母小一歲的女兒不一定會出門找對象，有時會待在家裡幫爸媽帶娃。在高品質領地上，如果小夫妻有兩個及以上的幫手幫助孵蛋，他們就會轉而傾向生兒子，因為雌性多的地方雄性值錢。

除了根據生產地點來調整孩子的性別[232]，有些動物能直接透過調整受精比例來控制整個族群的性別比。黃蜂的受精卵會發育為雌性，未受精的卵則發育為雄性，母親可以控制受精卵的比例。雌性黃蜂把卵產在宿主體內時，通常會先產一個雄性，接著產幾個雌性，然後換一個宿主繼續迴圈，產一個雄性，再產幾個雌性，以確保兒子能讓他的幾個妹妹都受精了[233]。

雖然鳥類的祖先是爬行類，可是不同於大多數爬行類，高達九〇％的鳥類有育雛行為。鳥爸、鳥媽要麼交替孵蛋、交替覓食，要麼合理分工，一方覓食，一方孵蛋。哺乳動物的帶娃行為相對少見，而且主要是媽媽帶娃[228]。一項針對五百二十九種哺乳動物的研究顯示，只有六十五個物種存在父愛行為。有意思的是，雄性哺乳動物一般不直接投餵孩子，而是投餵母親。被投餵母親的孩子會長得更壯實，與其說是爸爸愛孩子，不如說是愛伴侶[234]。

父母對後代的付出可分為三個階段：生殖細胞階段、受精卵成為個體階段、個體成長階段。

生殖細胞階段有著原始的不平等，雌性的卵子比雄性的精子大。但這不能算是一個巨大的不平等，因為精子數量多。總的來看，雄性並沒有少花能量製作精子，比如，蟹膏（公蟹的生殖腺及精液等分泌物組成）和蟹黃（母蟹的卵巢及卵細胞）的能量都挺高的，做雄性也不容易。

受精卵階段兩性的差異就變大了。雌性有兩種生殖方式：第一種，下蛋或產卵，後代被排出體外時還不是真正的個體；第二種，懷孕生孩子，後代出生時已經是獨立個體了。

對雌性而言，第一種模式要經濟得多。雖然卵內包進去了大量營養物質，足以讓後代吃到出生，但是節省了把卵帶著到處跑的精力。儘管體外的卵比體內的卵更容易被吃掉，但母親存活率卻明顯增高。同時，由於孵化過程和母親分離，父親能夠最大限度地參與孕育孩子的過程。

然而，能夠參與不代表有動力參與。自然界喪偶式育兒比比皆是，父親願不願意帶娃取決於兩個因素：第一，孩子是不是自己的；第二，新的對象好不好找。

古今中外的雄性都被第一個問題困惑著。現在，男人很幸運，有了DNA親子鑑定技術，可惜其他的雄性大部分時候得靠猜，也總是被雌性騙。所以，與其為別人養孩子，不如乾脆交配前甜言蜜語，交配後愛答不理。

葉狀臭蟲的雄性就被雌性利用了。雌性產在樹葉上的卵幾乎無一例外都被螞蟻吃了，於是她們想到了一個好辦法，盯上剛剛交配完的雄性，把卵產在其肚皮、背和腳上。

雄性究竟是自願變成行走的育兒袋，還是被雌性精心設計的呢？難道身上有卵的雄性在雌性眼裡更性感，這能為他們贏得更多交配機會嗎？而且研究人員發現雄性身上的卵實際只有二五％

是自己的。他們很可能是不情願的，但貿然移除這些卵會造成卵的死亡。雄性不確定哪些卵是自己的，他們沒有選擇帶娃，可能只是選擇了不殺掉屬於自己的孩子。但研究發現即使雄性沒有和該雌性交配，他移除掉卵的概率也不會變大[235, 236]。

生不生孩子看似是一件個體可以決定的事情，但個體的生育意願既和種群密度相關，也和非密度因素相關，比如天氣。如果冬天雪厚，松鼠冬眠的「雪被子」保溫性能更好，熱量損失少，就更容易存活[237]。因此種群生育力會上升。如果鹿誕生於溫暖的春天之後，將比在寒冷春天之後出生的鹿擁有更高的生存率和繁殖率[238]。天氣愈適宜生息，自然界的食物愈多，可承載的種群密度也愈大。但是，如果種群密度超過一定限度，生物就會抗拒生孩子，種內競爭加劇會導致衰老體弱的個體死亡，種群密度將重新降低，回到平衡值。

以上這些不生孩子的原因，無論是否與種群密度有關，每個個體都被生活一視同仁地磨礪著。但是，演化的核心是差異。同樣的環境，有的個體能活，有的個體不能活，有的個體能生娃，有的個體不能。

我們為什麼要生孩子？演化學給了一個非常直接的理由——為了傳遞基因。生存和生育有衝突，這種衝突在某些時刻格外顯著。比如，當你放棄了環遊世界的機會，申請了要還半輩子的貸款去買了一間學區房時。

和人類一樣，動物界的「老大難」問題也是如何科學養娃？生和養都是一大筆投資，排列組合一下，大概可分為四類：既生又養，只生不養，只養不生，不生不養。

達爾文告訴我們，那些不生不養的已經死掉了，那麼就只剩下三類，其中，只生不養的最多，既生又養的次之，只養不生的最少。養育比生育更昂貴，生物生下的後代數量通常多於能夠養育的後代數量，這意味著至少有一部分孩子註定得不到父母的關愛。

但是，有六十八種哺乳動物被發現有收養行為，那麼現在問題來了，給別人養娃不能傳遞基因，自己還要受累，為什麼要做虧本買賣？

學者們本著利益為上的原則，提出了幾種假說，比如眼神不好奶錯娃了，又比如媽媽們自發組織了托兒所，輪流擔當奶媽，或者親戚之間互相奶，也有可能是年輕雌性拿別人的娃練手[239]。

醫院抱錯娃是電視劇中的常見橋段之一。若不借助親緣檢測技術，要判斷「我娃是我娃」是相當困難的一件事。動物們也差不多，這給了不法分子可乘之機。研究人員發現有些涉世未深的海豹寶寶竟然趁著鄰居豹媽打盹，一把推開人家的娃，自己貼上去喝奶，糊塗的豹媽換了個娃也發現不了吸奶的力道變化。一開始，研究人員不能確定這究竟是因豹媽的博愛心胸，還是純粹不夠聰明，直到他們看到發現貓膩的豹媽暴打鄰居家熊孩子，才確定愚蠢是不分物種的。

托兒所假說讓我們寄希望於「動物界烏托邦」，然而現實可能走向了反面。數學推導顯示，喝大鍋奶只在每個媽媽貢獻同樣多奶且所有人都誠實的情況下才適用。如果一個媽媽的奶量大於平均值，她的娃能喝到的就會比原本能喝到的更少，她自然會退出托兒所，等到所有媽媽退出，托兒所就不復存在了。

即使我們假設奶量充足的媽媽都有一定的博愛精神，她的奶多得喝不完，又沒有冰箱，就分一些給別家娃喝好了。可是在沒有監管的情況下，一定有些媽媽自己不出奶，專注蹭奶，這麼一來，博愛的媽媽也沒有多餘的奶給自家的娃了，她又必須退出。

不過利益驅動的收養可以實現雙贏。雪雁會主動收養窩附近被拋棄的蛋，但可能不是出於善心，多孵一個蛋的邊際成本可以忽略不計，但混在自己蛋中的棄蛋可以稀釋後代被捕食的概率。如果一窩全部是自己的蛋，捕食者獵取一個蛋，自己的娃掛掉的比例是一〇〇％；如果有二五％的蛋是收養的棄蛋，被捕食的概率就降低到七五％；如果沒有捕食者，幫同胞多孵兩個蛋也利於種族延續。畢竟，原本這兩個蛋是必死無疑的[240]。

除了收養棄嬰，收養二胎也是動物界的常見現象。手足相殘的三趾鷗，競爭不過老大的二胎常會被親人收養。奇怪的是，這種海鷗的收養比例很高，很多被拋棄的二胎最終都被鄰居收養。有研究人員猜測是否這種海鷗的出軌概率很大，因而隔壁老王會偷偷揀回私生子。但實驗結果顯示這群海鷗忠貞得可怕，實驗中的一百一十九個後代全部是婚生子女。這樣一來，線索又斷了，只能推測鄰居之間有親緣關係，或者父母的眼神不好，認不出誰是自己的娃。

儘管文學作品和媒體經常涉及「收養」的話題，但收養在動物社群中其實是極小概率的事件，收養無血緣關係的孩子就更罕見了。一則長期追蹤北美紅松鼠十九年的研究發現，二千二百三十個新生兒中只有五例收養，收養行為多發生於親屬之間，附近非親屬的孤兒從未被收養[241]。為什麼要收養沒有血緣關係的孩子？人類智慧在解釋極少數事件時總是不夠用。研究發現養父母在喪失親生孩子後更有收養的衝動。一種密集繁殖的海鴉有時甚至會把窩附近的蛋滾回自己的窩。研究人員猜想可能是泥土附著在蛋上，海鴉父母分不清誰是親生的，誰不是，所以碰到長得像的就都滾回家。

但後來發現，如果同時給他們一顆親生蛋和一顆陌生蛋，他們還是能夠正確選擇自己的蛋。進一步的實驗中，人類挪走了他們的親生蛋，這時他們不但對陌生蛋來者不拒，甚至會跑到鄰居家裡偷蛋。為什麼他們如此強烈地想要養育一個孩子呢[242]？答案尚不得而知。

殘忍的殺嬰現象

我們不否認父母和孩子的關係中有溫情的一面，但父母和孩子的關係並不平等，離開了父母的照料，許多孩子無法生存；但失去了孩子，父母還能再生育。無論兩性如何抉擇，同性如何競爭，成年個體都有反抗的能力，可是孩子面對殺戮卻毫無還手之力。

等級高的雄性象海豹幾乎占有了所有雌性，雄性之間的爭鬥會引發殺嬰。兩、三噸重的雄海豹殺嬰的手法十分殘忍，他們把整個身體躺在幼崽身上，對幼崽尖銳淒慘的哭聲無動於衷。幼崽的母親激烈地想推開雄性，卻只能等到幼崽斷氣，約四〇%的幼崽死亡歸咎於成年雄性的虐殺[41]。

雄性主導的殺嬰並不罕見。哺乳期的母親通常沒有交配意願，雄性如果遇到一個單親媽媽，就可能殺嬰迫使她提前進入繁殖狀態，畢竟他一不願意替別人養孩子，二不願意等待。殺嬰風險可能促使靈長類演化出了一夫一妻制，這樣雄性就不會對自己的孩子痛下殺手，母親也不必承擔失去孩子的痛苦。

雖然上述場合中，拚爹的意義多於拚媽，但有些時候剛好相反，只有一小群雌性擁有生育能力，這時如果你媽不厲害，你根本沒有見到世界的機會。一些合作繁殖的真社會性物種中，甚至有一個雌性壟斷生殖，此種情況下，雌性之間的競爭強於雄性，戰鬥能力爆表的雌性的孩子更可能留下來。比如，十分凶悍的雌性狐獴獲得生殖權後會二度發育，加長的體形有助於壓制其他雌性[243]。

研究發現不僅雄性會殺嬰，雌性也會。如前文所說，真社會性動物只有女王有生育資格，地位低的雌性一旦僭越生子，女王就會對新生兒痛下殺手。比如，地位高的雌狐獴才有生殖的權力，為了維持生殖壟斷，她們制定了一系列規則，以懲罰越界的、地位低的雌狐獴。

如果地位低的雌狐獴和女王的後宮男寵偷腥會遭到驅逐，離開群體，單個個體無力生存，性和命，只能二選一。有些地位低的雌性強行賴在群裡，頑強地生下寶寶，這時女王就會使出第二招，吃掉這些不該出生的孩子。地位低的雌性的孩子只有五〇％概率活過出生後二十四小時，重要原因之一就是殺嬰。但別以為那些地位低的雌性都是吃素的，尋到機會，她們也會對女王的孩子痛下殺手，類似心態從宮鬥劇中可窺見一斑[244]。

嗜蛋如命的母雞也熱衷於吃掉地位低的母雞的蛋。有繁重生育任務的雌性非常需要蛋白質，別人的孩子就是很好的蛋白質來源。

除了殺掉別人的孩子，父母直接或間接殺掉自己的孩子也不罕見。三趾鷗媽媽通常會下兩個蛋，一個主要蛋（老大），一個備胎蛋（老二）。如果老大、老二都成功孵化，老大就會猛烈地啄擊晚幾天出生的老二，老二全無還手之力，只能被趕出巢穴，跌落斷崖喪命。如果老大沒出生就掛了，父母就會把對老大的愛轉移到老二身上，這樣老二才能平安長大。不能人工流產的三趾鷗父母，用殘忍的方式執行了計畫生育[245]。

許多動物父母都不會干預孩子間的霸凌。後出生的孩子因體力弱小，競爭不過先出生的孩子，不能搶到充足的食物，導致他們長得更加瘦小，老二因營養不良而夭折的情況也時有發生。

然而，白頰黃眉企鵝卻剛好相反，會選擇留下後出生的小孩。黃眉企鵝媽媽在繁殖季先下的兩個蛋通常比後面下的蛋小，這兩個蛋總是會莫名其妙地消失，等不來孵化的一天，原來企鵝媽媽看不上小蛋，把他們踢出窩了[246]。

科學家還觀測到幾例長鬚罷柳猴媽媽吃掉自己孩子的犯罪。根據現有資料推測媽媽吃掉孩子時，孩子可能還活著。吃掉自己花大力氣生的孩子有些解釋不過去，學者只能猜測也許她缺少助力者一起帶孩子，覺得自己沒辦法成功養育孩子，不如把他吃了[247]。但孩子只是因為親爹不要他了，母親要改嫁了，就白白失去了生命。兩性間的爭鬥、同性間的競爭都是兩個有自由行事能力的個體做出的選擇，但孩子還不能做選擇，就在爭鬥中被犧牲了。

♀喜歡她，才生下他♂

大多數物種中，雄性只管交配，雌性負責生孩子，雌性的生育成本遠高於雄性。但寬吻海龍和棕海馬中，情況恰好相反，雌性只想交配，雄性負責生孩子。海龍科的雄性長期占據動物界模範父親的寶座，他們接過了老婆的生育重擔，負責懷孕產子，其中的明星動物海馬更是家喻戶曉。性角色反轉不同於性別反轉，動物們只是扮演了之前異性會扮演的角色。雌性擁有過剩的卵子，雄性育兒袋容量卻有限，雌性熱烈地追求雄性，在水中盡情搖擺，以優美舞姿俘獲雄心，一旦雄性接受雌性求愛，就會允許她把生殖器伸到自己的育兒袋中產卵，自己再產生精子使卵受精，最後一心一意懷孕生子[248, 249]。

然而科學家發現對於海馬的近親——海灣海龍而言，雄性雖然也能懷孕，卻未必稱得上是個好爸爸。海龍爸爸孕育孩子的盡心程度非常投機，和孩子他媽的品質成正比。研究人員發現雄性喜歡身材高䠷的雌性，如果遇到的雌性太矮，他們可以將就著交配，但不一定會順利產下這些「劣質」雌性的孩子。

懷孕生娃對身體有巨大損耗，這一點不論雌性還是雄性都逃不掉，因此海龍爸爸需要平衡每一次的生育投資。如果遇到優秀的海龍媽媽，海龍爸爸成功孵化寶寶的概率會大大增加，反之，則更可能流產。

研究者給出兩種解釋：第一種，海龍爸爸如果喜歡自己的配偶，就會主動多給寶寶輸送養分；第二種，如果海龍媽媽優秀，胚胎從父親體內攫取養分的能力便會更強。統計學分析顯示第一種可能性更大。

海龍爸爸很偏心，如果他第一次懷孕的對象品質低下，便會節省能量等待第二春；如果第二次懷孕的對象品質上等，他瞬間就可以從渣爹變成好父親[250]。

生育問題上，爹狠心，娘也狠心。研究發現子宮內膜可以感知胚胎品質好壞，能夠及時發現染色體異常、分裂異常等問題。如果子宮內膜覺得這個胚胎不好，就會發起一頓免疫攻擊，自己帶著胚胎一起脫落。剛懷孕時最容易自然流產，正是這個原因。一項有五百六十名女性參與的研究表明，自然流產次數多的女性其實擁有很高的生殖能力，因為她們的子宮對胚胎的甄別更嚴格[170]。站在母親的視角看，放棄一個有缺陷的胎兒可以把更多資源留給之後的健康胎兒。可是站在孩子的視角看，只因為自己不夠完美，就被父母理直氣壯地放棄了。

孩子與父母的戰爭

進化論肯定了生物行為背後的理性，而現在它美麗而晴朗的天空卻被幾朵烏雲籠罩了。烏雲，會不會帶來暴風雨？

兩性爭鬥中，我們總會忽略協力廠商——孩子。孩子是爭鬥的起點、爭鬥的戰場，也是爭鬥的結果。但這場力量懸殊的博弈中，孩子幾乎沒有勝算。

父母真的有權決定孩子的生死嗎？這個倫理層面的問題或許很難回答，我們都是從一個被決定的受精卵發育而來，從來沒有人問過我們想不想來到這個世界。等到我們能夠被問這個問題的時候，我們已經存在了。

如果問題換一種形式，父母能夠決定孩子的生死嗎？那麼，生物學上的回答是肯定的。很不幸，在父母這一堵石牆面前，孩子脆弱得連雞蛋都不如。但哪怕是做為一顆蛋，孩子也沒有放棄抗爭。

金絲雀寶寶在自己還是一顆鳥蛋時，就已經開始盤算未來怎麼找媽媽多要一些吃的。實驗人員把雌性金絲雀分為兩組，一組在下蛋前和下蛋期給予營養豐富的食物，一種給予品質低下的食物。檢測發現營養充足組的雌性糞便中，雄性激素的含量顯著高於品質低下組，並且鳥寶寶孵化之後，寶寶糞便中的雄性激素含量也相應偏高。

因為鳥寶寶向父母乞食的強度和蛋內雄性激素濃度正相關，也就是說，如果媽媽下蛋期營養好，寶寶出生後乞食強度也高。這一點有適應性意義，如果媽媽營養好，說明環境中食物儲備量大，媽媽取得食物不用特別費勁，這時候會哭的娃娃就有食物吃，鳥寶寶的乞食強度會更高。相反，如果媽媽養活自己都很困難了，孩子再怎麼叫也得不到多少食物，不如省點勁。

這說明寶寶能夠感知到母親的狀態，審時度勢，充分利用母親，在媽媽心情好的時候，扯著嗓子喊著「餓餓餓」。然而，另一種解讀也可能是成立的，在食物蕭條的情況下，為了讓熊孩子閉嘴，媽媽故意在蛋裡少添加了一些雄性激素，以減輕自身的壓力[251]。

科學家堅信在母嬰衝突中，嬰兒並非完全坐以待斃，畢竟人類的幼崽雖然不會捕食、不會行走，但是會哭啊！

早在三十多年前，就有被嬰兒啼哭逼瘋的學者提出了一個假說——嬰兒半夜哭鬧是為了降低父母的性欲。多少年來，我們認為只是嬰兒的身體還沒有發育好，不懂得在正確的時間做正確的事情，但這個假說指出永遠不要低估一個孩子的心機。毫無預兆的尖聲哭泣是最好的避孕藥。如果父母夜晚休息不好，他們根本就沒有精力進行劇烈運動，即使他們的欲望戰勝了疲憊的身體，父母還得提防運動進行到一半時，突然需要沖奶粉、換尿布[252]。

為什麼嬰兒要冒著被爹媽踹飛的風險堅持搗亂呢？塞內加爾的一項研究表明，在當地如果大寶出生一年內父母生了二寶，那麼大寶的死亡率為一六%；如果沒有生二寶，則大寶的死亡率只有四%。為了充分占有父母的愛，大寶當然要費盡心思阻止爹媽生出一個競爭對手[253]。

不僅如此，哺乳動物中，孩子和母親的戰爭在子宮裡其實就開始了。

胎兒希望獲得更多營養，他們把自己的胎盤深深地插入母親的子宮內膜，與母親爭奪血管控制權。母親則希望優先保障自身，一旦胎兒威脅到母親，她們可以及時掐斷血液營養供應。然而胎兒是自私的，他們希望需要氧氣時就有充足的氧氣，需要食物時就有源源不斷的食物。他們甚至想往母親的血管裡釋放荷爾蒙，操縱她們的行為，比如無節制的飲食[254]。

胎兒的自私是天性嗎？這是否是基因的「不可過河拆橋」屬性，讓那些曾讓父母瘋狂攫取祖父母資源的基因傳給了下一代，導致曾經啃過的老都被孩子啃了回來？又或者是父親要孩子多多掠奪母親的資源，母親讓孩子多多掠奪父親的資源，孩子被迫成了兩性衝突的承載者？有許多實驗證實了第二種假設。研究人員收集了來自兩個地區的同種胎盤生殖的美麗異小鱂。一個地區的兩性衝突比較嚴重，胚胎裡來自父親的基因非常凶悍，一心只想要孩子多去吸母親的血，不過母親在長久的對抗中也能夠抵禦被吸血。另一個地區的兩性衝突稍弱，來自父親的基因沒有那麼強的進攻性，母親也沒有那麼強的抵抗能力。

研究人員進一步將兩個地區的魚進行雜交，發現強雌和弱雄雜交的後代，重量只有強雌強雄後代的七二％；弱雌和強雄雜交的後代，重量是弱雌弱雄後代的一．五七倍。

這個結果說明雄性有能力操縱後代從母親那裡獲取更多營養，哪怕這種消耗對母親而言並不划算，很可能降低壽命或者將來的生育能量。不過濫交的雄性並不在乎孩子媽的健康[255]。

或許母親也有辦法讓父親多帶孩子，不過自然界中撫養孩子的父親還是很少見，可見母親的操縱並不怎麼成功。

如上文所說，鳥類母親可以透過操縱蛋裡的雄性激素含量來控制孩子的乞食頻率，從而讓父親在投餵過程中多出一份力，又或者母親可以生產漂亮的蛋，讓父親覺得孩子優秀，從而多付出一些。可是這種操縱總是不如子宮裡的真刀真槍來得得心應手[256]。

孩子貪婪，父母無情，一方想索取，一方想控制。但誰都說不上錯，父母和子女只是被放置在旺盛的性別衝突之中，不得不鬥爭。但如果你用來反抗父母的那一部分基因依舊來源於父母，那還是你在反抗嗎？

青春期是作死的年紀

儘管孩子在反抗，但有時孩子的選擇確實不太理智。事實上，青春期作死是哺乳動物的共性，什麼新鮮玩意兒都想試試，結果就把自己作死了。由於生物在青春期的行為、神經、荷爾蒙等方面的轉變太過明顯，吸引了不少學者展開研究，各國政府也因頭疼於青少年問題而紛紛相助。

無論人還是動物，青春期都是大腦發育的關鍵時期，大腦改變會造成行為改變。行為改變主要有三點：第一，無視風險；第二，和同齡個體的社交增加；第三，追逐新奇事物[257]。這三點都能共同導向作死的結果。

為了驗證青春期的動物面對危險也要勇敢作死，實驗人員將小鼠放在四十公分高的高架十字迷宮上，高架十字迷宮有四個臂，其中兩個臂有柵欄，小鼠行走其間不會掉下去，另兩個臂沒有柵欄，稍有不慎就會摔下去。

實驗對象分為三組，幼年鼠、青春期鼠和成年鼠。研究人員分別記錄下他們花了多長時間才跑到柵欄區和無柵欄區，心理建設的時間愈長，說明愈抗拒。

結果發現幼年鼠和成年鼠都非常珍惜他們的小命，對安全的柵欄區沒有抗拒，來去自如，但是他們幾乎等到實驗結束都不願意踏上危險的區域。可是青春期小鼠放縱自己的天性，對危險視而不見，沒有顯示出對柵欄區和無柵欄區的喜好差異，多次作死地跑到懸崖邊試探[258]。

多項研究還發現青春期生物更喜歡和同齡夥伴社交。增加社交可以帶來許多好處，比如，生活中更容易合作。但是也有研究發現相較於一個人待著，處於同齡群體中的個體，作死的風險更高。

實驗人員開發了一個遊戲軟體，讓志願者操縱遊戲中的汽車，如果交通指示燈由綠變黃，就要把車停下來。根據停車所花的時間，可以算出志願者的冒險指數。研究人員招募了三組志願者，青春期組十三～十六歲，青年組十八～二十二歲，成人組二十四歲及以上。每組又分別被隨機分成兩個小組，一組個人作戰，一組團隊作戰。

測試結果顯示一個人駕車時往往比較謹慎，幾個同齡人聚在一起，就開始大膽作死闖紅燈了。而且，青春期和青年期的人比成年人更容易受到同伴的影響。這說明青少年更容易服從群體意見，哪怕群體意見往往是危險的[259]。青少年融入社會、享受群體福利的同時，不可避免地會被社會改變。他們期待獲得同伴的認可，害怕被拒絕，這種從眾效應會在十四歲時到達頂峰[260]。

不過，從另一個角度看問題，人多比獨行更安全，抗風險能力更強。獨處時萬一出事都沒人來救，必須加倍謹慎，人多時危險係數小，作了也不容易死。一個人過馬路最好等紅燈，但是如果有幾十個人一起闖紅燈，車就得停下來。

但不是所有成年人都討厭風險。研究發現政客[261]和投資人[262]有高於常人的冒險傾向，他們似乎對風險有獨特的偏好，對風險可能帶來的負面結果有更大的承受力。政客需要做影響深遠的決定，多數時候政策得失很難計算，可是政客卻不得不為大眾做決定。政客的冒險特質一方面可能使決策偏離大眾利益。另一方面，政府機構本身就承擔了高風險，不愛冒險的人不適合做政客，這或許是一種基於個人特質的合理分工。

新的刺激總是誘惑與風險並存。青春期個體並非為了作死而作死，而是為了探索新的環境，但不巧的是，新的環境通常都有各種坑。

實驗人員把成年大鼠和青春期大鼠分別關在一個無法逃脫的新環境裡五分鐘，處於新環境下的大鼠會四處探索，排除危險，尋找食物來源。測量後發現青春期大鼠運動的總距離顯著比成年大鼠高一三％。不僅如此，如果在他們的小窩裡放入新物品，青春期大鼠對新物品更感興趣，雖然這個差異並不顯著[263]。

青春期是生物個體從父母那裡獲得新生存技能的關鍵時期，這個發展時期追求新刺激有助於探索新領域、尋找新食物和伴侶[264]。

青春期大腦和成年期大腦不同，某種程度也可以體現為對新鮮刺激的喜好不同。在一種蜜蜂群體裡，有四處尋找新食物來源的偵察蜂和接受偵察蜂命令定點採蜜的工蜂。研究發現兩種類型的蜜蜂大腦裡，神經遞質多巴胺和谷氨酸的受體表達強度明顯不同[265]。

根據同樣的邏輯，研究人員發現青春期大鼠相比成年大鼠更加容易衝動和有強迫性行為，這可能是情感系統追求獎勵導致產生衝動行為。研究發現青春期強迫性行為和前島葉皮層（AIC）中早期基因的 mRNA 表達水準低有關，AIC 負責內外感知覺整合和認知行為控制，而這個認知情感中心如果沒有發育成熟，可能導致青春期個體做出偏向情感驅動而非理性驅動的決策。使用化學遺傳學技術啟動 AIC 區域後，青春期大鼠的強迫性行為的確降低了[266]。這也許可以部分解釋為什麼青少年更愛尋求刺激、更愛作死。

青春期為什麼這麼獨特？因為動物們要學著獨立——從需要爸媽餵的寶寶成長為可能和爸媽搶繁殖機會的青少年。等到他們長大成人，爸媽也終於要對他們下手了。

絕大多數會照看後代的物種中，孩子一到青春期，父母至少要趕走一個性別的後代。如果後代死賴在家裡啃老，父母就會延遲他們青春期的到來。

實驗人員把幼年雄性田鼠分為兩組，一組在乾淨的草墊上長大，一組在沾了爸媽體味的草墊上長大，結果伴隨爸媽體香長大的雄性青春期延遲了。

研究人員進一步分析這個影響到底來自於媽還是爸。他們採用同樣的方法進行實驗並得出結論——媽媽會抑制兒子的性成熟，和媽媽一起長大的兒子性成熟得晚，睪丸的重量也輕一些。與之相對，爸爸對兒子性成熟的影響是正面的，和爸爸的體味伴隨長大的兒子睪丸重量比對照組還大。

但如果兒子睡在陌生雄性睡過的草墊上，睪丸重量則和對照組沒有差別。研究人員認為這可能是伊底帕斯情結（Oedipus Complex，即戀母情結）作祟，兒子是為了和父親競爭才發育出更大的睪丸[267]。

母親的詛咒對女兒同樣奏效，雌性加利福尼亞小鼠的性成熟會被母親甚至陌生雌性延遲，但和上文所說的雄性小鼠不同，雌性小鼠並不會被氣味影響，只有和母親或其他雌性有直接或間接接觸，才會影響她們的性成熟速度[268]。

再也不能在父母的庇護與壓抑下生存的青春期動物，最終會被踹出家門，他們只能和年歲相仿、同病相憐的夥伴聯合，共同闖蕩未知的世界。

第十章

愛與和平

有博弈，也相互需要

自然界存在穩定的無性繁殖系統，像是細菌的自我複製，也有穩定的兩性繁殖系統，比如人類。但介於無性繁殖和兩性繁殖之間，還有複雜的混合繁殖系統，主要存在於擁有雌雄同體個體的群體中。雌雄同體大致分為兩類，第一類是可以變性的生物，第二類是同時具有雌雄性腺的生物。

針對第二類，又可分為四種形式[269]：

①雌全異株：雌性＋雌雄同體；

②雄全異株：雄性＋雌雄同體；

③三性異株：雌性＋雄性＋雌雄同體；

④單性雌雄同體。

理論上認為混合繁殖系統不穩定，只是演化中的過渡狀態，故十分稀少。「雌性＋雄性＋雌雄同體」的形式通常不會在一個世代出現，常是跨世代出現，比如，一個世代是兩性繁殖，下一個世代是自交繁殖。「雄性＋雌雄同體」也很少同時出現，「雌性＋雌雄同體」則更少[270]。全是雌雄同體的物種有過報導[271, 272]，但極為罕見。

雌性同行的群體內部自由組合一下，可以得到以下幾種混合繁殖系統的交配方式：

①雌全異株：雌性＋雌雄同體，雌雄同體＋雌雄同體，雌雄同體自交；

②雄全異株：雄性＋雌雄同體，雌雄同體＋雌雄同體，雌雄同體自交；

③三性異株：雌性＋雄性，雌性＋雌雄同體，雄性＋雌雄同體，雌雄同體＋雌雄同體，雌雄同體自交；

④單性雌雄同體：雌雄同體＋雌雄同體，雌雄同體自交。

針對特定物種，以上所有可能未必都被窮盡。比如，秀麗隱杆線蟲由雌雄同體和雄性組成，但只能自交或者雌雄同體與雄性交配，雌雄同體的個體不能和另一個雌雄同體的個體交配[273]。蚯蚓則不同，雌雄同體個體間可以交配並同時受精[274]。

那麼，雌雄同體究竟從何而來？就植物而言，常是先出現雌雄同體，再出現雌性與雄性的分化。動物則相反，常是先出現雌性和雄性，再出現雌雄同體。雌雄同體的植物隨處可見，自交也經常發生，但動物很少見。

那麼，為什麼已經出現了兩性，卻要「退回」模稜兩可的模式？如果自交的交配效率是一〇〇%，為什麼還存在雌性或雄性和雌雄同體個體的遠交交配？我們只能推測雌雄同體是暫時性狀態，是動物長期找不到對象而對現實做出的妥協[270]。

即使可以自交，也需要雄性

有一種假說認為雄全異株（雄性＋雌雄同體）系統中的雌雄同體個體是由雌性演化而來，雌性長期處於雌多雄少的性壓抑之中，偶然突變使雌性擁有了雄性性腺，得以自交繁衍，就如女兒國的女人們可以喝子母河的水產子一樣。

既然自交可以有效地繁衍，為什麼雄性還能穩定地存在呢？可能是因為有性繁殖相對於無性繁殖更有優勢，自交喪失了有性繁殖的精髓[275, 276, 277]。為什麼這麼說呢？有性繁殖可以抑制近親繁殖，所以女兒國的女人們遇到了男人，不管香的、臭的都如獲至寶。還有一種可能是雌雄同體配子減數分裂有小概率會出現染色體不分離。通常情況下，雌雄同體生物應該產生兩個X的配子，兩兩結合後，形成XX的後代，然而如果分離出錯，可能就會產生一個XX的配子，一個沒有X的配子。沒有X的配子和正常的X配子結合後，產生X的後代，即為雄性。所以，雌雄同體的個體自交依然能產生一小部分雄性後代。

既然雄性如此吃香，為什麼雄性沒有占據主導地位？如果雄性和大部分雌雄同體交配，導致雌雄同體的精子使用率低，最終是否會令雌雄同體個體的雄性基因突變丟失，變為單純的雌性呢？同樣以秀麗隱杆線蟲為例，雌雄同體個體攜帶的性染色體為XX，雄性的性染色體為一個X。雌雄同體個體彼此結合，可以產生兩個X配子（即雌雄同體的後代），雌雄同體與雄性結合，將產生一個XX配子（雌雄同體的後代）和一個X配子（雄性的後代）。由此可以看到，雖然雄性在性選擇中占優勢，但只能產生一半雄性後代。因為雄性的初始比率很低，雌雄同體自交就變得不可缺少。

兩性互相需要，但也有一些極端的雌性化案例。不過，即使由於外部原因，一個性別消失，剩下的另一個性別也會盡力去分化成兩種性別。

沃爾巴克氏體是母系遺傳的生殖細菌，對雌性友好，但對雄性極其不友好。感染的雌性生下的孩子都是雌性，被感染的雄性和雌性交配後，娃都胎死腹中，除非雄性和雌性感染了同一株沃爾巴克氏體，但這樣被感染的雄性幾乎等於不育了。為什麼被感染的雌性生下來的都是雌性呢？其中包含兩種主要機制：一種是雌性化，比如被沃爾巴克氏體感染的黃蜂，原本未受精的卵應該發育為雄性，可是最後卻發育成為雌性；另一種是殺死雄性，把雄性胚胎全部殺死[278]。

雌性雖然不會直接受影響，但是把漢子都扼殺在搖籃裡了，以後怎麼生孩子。有兩種珍蝶便深受其害，超過九〇％的雌性都感染了沃爾巴克氏體，一代代雌生雌，導致雄性幾乎絕跡。取樣發現當地九四％的雌蝴蝶都是處女[279]，其他節肢動物中都是雄性帶著食物追求雌性，而這種蝴蝶中遍地可見舉著食物求交配的雌性。值此生死存亡之際，有些物種的雌性毅然決然做出決定，把一部分雌性變為雄性！

比如，球鼠婦。原本球鼠婦性染色體組成是 ZW 的為雌性，ZZ 的為雄性，但被沃爾巴克氏體感染的 ZZ 雄性個體會發育為雌性，並繼續和 ZZ 雄性交配，他們生下的後代均為 ZZ 雌性。而被感染的 ZW 雌性和 ZZ 雄性交配後生下的後代，一半是 ZW，一半是 ZZ，均表現為雌性。久而久之，性染色體組成為ZW的個體愈來愈少，群體裡充滿了變性的雌性（ZZ），直到W染色體消失。性染色體的丟失並沒有讓球鼠婦喪失生存的勇氣，而是積極尋求解決辦法。研究人員發現球鼠婦群體中重新分化出了雄性。原來是沃爾巴克氏體的一段基因水準轉移到球鼠婦的常染色體中，擁有這一段基因的便會發育為雌性，沒有這一段基因的則發育為雄性[280]。於是，球鼠婦擁有了全新的性別決定系統，重新生長出雄性。

精子的世界裡，不只有競爭

宏觀尺度上，雌性和雄性可以合作；微觀尺度上，精子的世界裡不止有競爭，也有合作。

說到精子，大家腦海裡浮現的可能是一隻傻乎乎亂竄的蝌蚪。這隻蝌蚪可分為四個部分——頂體、頭部、中部和尾部，最前端的頂體負責釋放頂體酶，用來融化進入卵子的通道，頭部裝載最重要的遺傳物質，中部則存放線粒體以供能，細長的尾部提供前進動力。

但精子不只有一種形態，甚至同一個個體內，精子都可以長得不一樣，被稱為精子多態現象。很多無脊椎動物可以同時生產正常精子和輔助精子，正常精子裡面有一套染色體，擁有正常的功能，輔助精子內沒有或缺失部分染色體，沒有受精能力[281]。精子的唯一使命就是讓自己的染色體在另一個個體中延續，但輔助精子連染色體都沒有，它們圖什麼呢？

學者們提出了很多假說，試圖解釋這種現象。

最開始大家都說異常的精子只是精子生產線上的殘次品。錯誤是生活的常態，降低錯誤率需要付出高昂的代價。我們誤以為生活本該一絲不苟、嚴絲合縫，其實「正常」才是無數誤差交織中的碰巧完美。質檢成本高，收益低，不如不要那麼認真，反正異常的精子在雌性體內也會被篩選掉[282]。

當然，演化生物學家就是要從一切無序中找到規律，他們堅持認為「存在即合理」。雖然錯誤也很正常，但理論上愈早預防，日後遭受的損失就愈小，早期篩選出異常精子，可以修復；如果修復成本太高，可以消化後再利用。而輔助精子沒有被修復或消化，仍舊如此普遍地在生物中存在，必有蹊蹺。

於是，他們提出種種假說以支持「輔助精子是有用的」，包括幫助正常精子獲得受精能力、為正常精子提供營養、運輸正常精子、在精子競爭和操縱雌性方面助力等。

一種觀點認為有些動物射精前的精子並沒有受精能力，射精後在輔助精子的幫助下才能逐步成熟。比如，家蠶蛾射精前的正常精子和輔助精子都是不能動的，隨後輔助精子搶先獲得移動能力，並在前往雌性儲存精子的器官的道路上，一步步幫助正常精子動起來[283]。另有觀點認為輔助精子在精子移動的過程中發揮了重要作用。比如，輔助精子充當了移動的小奶瓶，在正常精子精疲力竭時，它們會燃燒自己，為其供能。還有的認為輔助精子會在運輸精子的過程中產生作用，有些正常精子會趴在巨大的輔助精子上搭順風車。有時候，為了防止正常精子在受精路途中流失，輔助精子會形成一張保護網，把正常精子兜在裡面。比如，體外受精的長海膽的輔助精子有兩條尾巴，互相勾連，把正常精子包裹在裡面，防止被海水稀釋[284]。此外也有觀點認為輔助精子會為正常精子擋刀。當有其他雄性的精子加入競爭，企圖破壞自己的精子時，輔助精子會承受傷害，有時候還會主動砍別人一刀。最後還有的認為輔助精子可能會堵在雌性生殖道內，阻止其他雄性的精子進入。總而言之，輔助精子雖然有用，但一生下來，命運就被決定了，它們沒有爭奪王冠的權利。

就算沒有輔助精子，精子未必總像一盤散沙，孤獨寂寞地衝鋒陷陣，在強大的外敵面前（凶殘的雌性生殖道和競爭對手），來自同一個個體的精子會表現得充分團結。

精子軍隊講究排兵布陣。雌性體內的環境對精子來說就是地獄，多待一秒，傷亡指數會成倍增長。為了減少傷害，加速前進，精子會聯合在一起，頭摞在一起是精子堆積，首尾相連是精子火車，精子的尾巴纏繞在一起是精子束[285]。

精子放棄了獨立自主，聯合在一起的動力是什麼呢？這就需要了解精子的制勝祕訣——跑得快、活得久、穿得透。有幾種假說試圖說明聯合在一起的精子比單打獨鬥的精子有優勢。第一種假說指出精子聯合在一起跑得更快。跑得愈快在精子競爭中愈有優勢，聯合在一起形成的精子堆積產生的前進推動力更大。第二種認為聯合的精子活得更久。精子們包裹在一起時，只有最外層的精子暴露在危險環境之中，內部的精子可以最大限度地保存實力，到達接近卵子的地方之後，單個精子再游離出來。第三種假說認為精子團結起來更容易穿透卵子。因為多個精子的頂體聚集在一起同時釋放頂體酶會加快融化通道的速度。雖然各種假說層出不窮，但還沒有哪一種被實驗完全證實[286]。

公平交易，要愛不要暴力

交配過程還是有平等可言的，雌雄同體的生物可以實現相當的兩性平等，公平交易，要愛不要暴力。這種公平的性交易也可以分為兩種類型——卵子交易和精子交易。

卵子交易發生在卵子是稀缺資源的物種中。體外受精的橫帶低紋鮨[287]中，追求者會以雌性身分誘惑被追求者，達成協議後，追求者會先排幾個卵子以示誠意，被追求者再排出精子。第一輪交配後，雙方交換性別，輪到被追求者排出卵子，追求者排出精子。如果被追求者騙炮後逃跑，情侶關係就會終止。但由於追求者沒有用光自己的卵子，只是釋出了幾個進行試探，損失被降到最低。如果被追求者誠信交易，第二輪交配順利進行，那麼雙方會再交換性別，如此往復，直至卵子使用完。

同理，精子交易發生在精子是稀缺資源的物種中，與卵子交易情形類似，只是性別角色反轉。體內受精的海蛞蝓[288]中，海蛞蝓追求者會以雄性身分接近被追求者，互生好感後，追求者先插被追求者一下，把少量精子送到其體內，然後抽出丁丁。接著，被追求者反過來插追求者一下，把自己的少量精子送到他體內，再抽出丁丁。如此循環往復，直至雙方的精子使用完。

♀聰明是新的性感嗎？♂

除了交配中有可能實現「愛與和平」外，有些動物的擇偶過程也能以比較溫和的方式進行。以暴力做為擇偶標準並不能涵蓋所有情形，即使先天條件不好、不會打架、長得不帥，依然有追求愛的權利。

底層雄性猿類欣喜地發現做一枚暖男也可以俘獲佳人芳心，於是他們頻繁地給雌性順毛表達愛慕之情。雌性看他們這麼有耐心，讓自己心情愉悅，還願意照顧孩子，提供食物，就不計較他們的平庸，接受了求愛[289]。在不少物種中，雌性並不關心雄性的社會地位，更看中對方能提供什麼，以及能不能做一個好爸爸[290]。地位高的雄性可能交配完就做甩手掌櫃，而地位低的雄性則會分擔奶娃的重任。

不僅如此，雌性也看重雄性的智商。多年來，學界一直爭論一個問題——性選擇影響了智商的演化嗎？如果有影響，性選擇的方向是讓生物變得更聰明？還是更蠢？

支持性選擇讓生物變得更聰明的理論認為雌性需要選擇聰明的雄性，以生下聰明的後代，聰明的雄性後代才能打敗其他的雄性，抱得美人歸，或者聰明的雌性後代才能挑出品質高的雄性，生下品質高的後代。總而言之，聰明爹媽生的孩子生存能力更強。

反對性選擇讓生物變得更聰明的理論則認為大腦是個能量黑洞，人類大腦只占二%的重量，卻要消耗二〇%的能量。為了供能給大腦，人類只能四處挪用資源，搞得免疫力差一點、生殖能力差一點等。如果想保有性感的外形、充足的生殖細胞，就得犧牲一點腦細胞了。

一夫一妻制與多配制，哪一種形式下的個體智商更高？這個問題的答案在一定程度上可以回答性選擇是否能讓生物變得更聰明的問題。為了解釋這個問題，研究人員人工強行培育了一夫一妻制和多配制各一百代以後的兩組果蠅。強行一夫一妻制社會裡，性選擇已經不起作用，所有雄性都被分配了一個配偶，可以生孩子。多配制社會就要靠實力說話，性選擇會讓某些性狀加速演化。

一百代之後，兩個組雄性果蠅的撩妹水準，一個天上一個地下。多配制的雄性顯然很適合競技場，生的孩子更多，更能夠準確地辨別哪些雌性想交配，哪些完全沒興趣。

接著研究人員又設計了一個認知能力測試。當然，所有的認知能力測試都是精簡過的，只具有有限的指導意義，是為了使實驗量化而不得不做的處理。測試要了解的是果蠅的聯想學習能力。研究人員給果蠅聞一種氣味，同時給予負面刺激，經過一段時間的訓練，撤掉負面刺激，果蠅一聞到氣味就會害怕。結果發現多配制的雄性學得比較快，一夫一妻制的雄性學得比較慢，雌性無區別。這個有限的實驗支持了性選擇讓生物變得更聰明的假說[291]。

可是，在四紋豆象身上重複這個實驗卻失敗了。甲蟲們被分為兩組，一組採取嚴格的一夫一妻制，另一組亂交，可以自由地選擇和哪些異性交配。三十五代之後，多配制雄性的生育能力更強。

為了分別對雌性和雄性甲蟲做認知能力測試，研究人員根據兩性的喜好設計了兩個實驗。對雄性最有吸引力的是性，所以雄性的認知測試是能不能又快又準確地找到對象。對雌性最有吸引力的是食物，所以雌性的認知測試是能不能又快又準確地找到產卵地。

雄性的測試中，研究人員在培養皿裡黏了一隻死甲蟲，實驗增加了一個變數，有的黏的是死雌性甲蟲，有的則黏了死雄性甲蟲。

在自然條件下，找不到對象的雄性也會和其他雄性交配。找到死甲蟲的時間和正確地與雌性甲蟲交配是兩個測試指標。為了簡單，這個實驗不考慮同性戀。實驗結果顯示，多配制的雄性找對象的速度顯著更快，但是區分性別的認知能力卻沒有顯著差別。

雌性的實驗比較簡單，雌性可以自由選擇去一株高品質或低品質的植物上產卵，在高品質植物上孵化的後代食物更充足。然而，兩組甲蟲識別植物品質的認知能力並無顯著差別，測試結論不支持性選擇讓生物變得更聰明這一假說[292]。

行為學的假設通常正反兩面都能找到支持證據，如果還沒有，那一定是還未被發現。另一則研究認為生物會犧牲性行為換取智商，比如一夫一妻制的出現可能促進了大腦的演化。

多配制下雄性的睪丸身體比在統計學上大於一夫一妻制的雄性，因精子競爭的強度較高。生殖很耗能，腦子也很耗能，科學家對不同物種的系統發育進行比較分析後發現，多配制個體的大腦（和體形做過校正之後）比一夫一妻制個體的大腦小，雌性和雄性皆是如此。這說明一夫一妻制下有節制的生活讓個體把更多能量用在大腦發育上[293]。

為了繼續研究智商和性感程度是否負相關，另一個研究分析了孔雀魚的性腺大小和大腦相對大小的關係。研究人員以人為篩選了腦大魚和腦小魚，解剖後竟發現性腺愈大，大腦愈大，反之亦然。與之前的能量在不同系統間權衡的假說不符。

這可能是因為：第一，聰明的魚找到的食物更多，所以身體發育更好，性腺也相應地發育更好；第二，大腦和性腺大的雄性本來就是高品質雄性；第三，不同系統之間的權衡通常在資源有限的情況下發生，這個實驗可能沒有控制食物量[294]。

絕大部分研究都是基於某些假設開展的，然而假設很多時候並未得到充分證實。比如，有個基本問題：大腦的相對大小可以反映認知水準嗎？

不少研究支持肯定性結論，研究者透過實驗發現，動物園裡的三十九種動物解決問題的成功率，可以用大腦的相對大小預測[294]。

可是不同的聲音也一直存在，比如，大腦皮層的複雜程度和學習能力之間存在相關性。有學者認為靈長類大腦皮質體積可以預測說謊能力，體積愈大，說謊能力愈強[295]。另一項針對靈長類的分析顯示，大腦的絕對大小才是最好的測量方式。大腦愈大愈聰明，大腦身體比反而失去了解釋力，所以不需要用體形做校正，這間接說明身體愈大可能認知能力愈好[296]。

爭論持續了一個多世紀，這個問題還是沒有辦法獲得確切答案，只能暫時擱置。

接下來的問題是，聰明的個體是如何被選擇的？我更聰明，所以異性更喜歡我？還是我更聰明，更能分辨誰是品質高的異性？

有研究支持前一個假說，比如，雌性虎皮鸚鵡就喜歡看起來比較聰明的雄性。虎皮鸚鵡原產自澳大利亞乾旱貧瘠的地方，找食物可能是一項非常重要的技能。繁殖季雌性負責孵蛋養娃，雄性負責找食物養配偶，所以雌性找一個投餵能力比較強的老公具有適應性意義。

研究人員設計了嚴格對照的實驗，有兩個雄性擺在雌性面前任其自由選擇，雌性選擇和誰待在一起的時間長就說明喜歡誰。實驗結束後，研究人員帶走了不被青睞的雄性，並傳授其獨門技能。

研究人員在培養皿裡放了一個盒子，盒子裡有食物，但是盒子需要三步操作才能打開，經過訓練，不受寵愛的雄性熟練地掌握了盒中取食的技能。於是，研究人員心滿意足地把他放回了競技場，他當著雌性的面三下五除二就拿到了食物，留在一旁沒有接受過訓練的雄性在風中凌亂。

曾經情場失意的公鳥成功地用作過弊的智商碾壓了競爭對手，而雌性承認自己之前瞎了眼，開始顯著地更青睞那個會開盒子的雄性。看起來比較聰明的雄性確實會獲得更多生殖機會，將認知能力強的基因傳遞下去[297]。

另一方面，雌性的智商可能也很重要，這影響了她們是否能分辨出品質更高的異性。人工篩選五代後，研究人員把雌性孔雀魚分成了腦大組、腦小組和普通組。雌性孔雀魚對雄性的顏色有偏好。如果給雌性兩個雄性挑選，一個雄性顏色好看、品質高，一個長得醜、品質低，腦大組和普通組雌性顯著偏愛更迷人的雄性，但是腦小組的雌性則沒有這種偏好，做出的決策並不是最優的，這可能是因為她們不知道對方好看不好看[298]。

大腦是個好東西，找對象的時候多半用得著。

一夫一妻制是妥協還是共贏？

設想一下，一群海豹正嘰嘰喳喳地討論什麼樣的社會更好。他們即將投胎轉世，但既不知道自己今後會是什麼性別，也不知道自己的體力、智力在社會上能排第幾。

雌性代表首先發言：「由於雄性比雌性大得多，雌性幾乎沒有什麼擇偶的權利，也不能對頭號雄性的求歡說『不』，所以我們認為應該充分尊重個人的性自主，沒有強迫，看對眼就在一起，看不對眼就分開。」

高等級雄性代表反對：「雄性比雌性性需求大，不能不看個人體質就一刀切，雌性不交配或少交配不難受，可是雄性憋得慌，雌性也需要照顧我們的生理需求。」

雌性代表反駁：「那你可以用食物交換、共同養育後代、提供保護等。只要我們滿意了，也是可以增加交配頻率的。如果你們承認強迫性行為合理，那麼雄性之間的性強迫也是合理的嗎？」

高等級雄性代表接著發言：「社會等級不就是高等級的可以支配低等級的嗎？如果什麼都按你們說的做，等級還有什麼作用？」

低等級雄性代表反駁道：「等級只是劃分稀缺資源使用優先級的，並不代表你可以傷害或者操縱一個個體，個體能力有差異，但人格是平等的。前二〇%的雄性占有了八〇%的交配機會，這對底層的雄性難道是公平的嗎？你們算算投胎成高等級雄性的概率高，還是低等級的概率高。等級低了至死都是處男呢！老大一個人也不需要那麼多配偶，不如分給大夥，實現從零到一的跨越。」

高等級雄性代表說：「誰說我不行，三、四十個配偶我都能照顧好。」

低等級雄性代表繼續說：「那我們底層群眾就要聯合起來推翻極權統治，交配是基本權利，不能被壟斷。」

雌性代表接著說：「要講理，不要暴力。你們朝代更替，把我的孩子殺了一茬又一茬，你們不心疼，我肉疼。反對一切暴力！」

雄性代表們計算了一下，提出了兩種方案。一種方案是地位高就能有很多配偶，但是對個體而言，大概率事件是一個配偶也沒有，有極大的不確定性，而且投胎時賭輸了代價很慘痛。另一種方案是一夫一妻制，每個雄性都有一個配偶，滿足了基本的生育權，也更穩定。出於較普遍的對不確定性的厭惡，後者得到更多支持，不僅如此，一夫一妻制還可以極大地緩解殺嬰的壓力，說不定雄性還可以幫忙帶娃，一舉兩得。

再來設想一下，藍鰓太陽魚群體中的地主和小偷們聚集在一起討論。群體中占二〇%的地主占有所有巢穴，剩餘八〇%的小偷只能在地主交歡過程中橫插一槓子。

地主代表說：「可供繁殖的巢穴是有限的，我們無法改變，現在要討論巢穴的分配問題，我建議打一架，贏的人擁有巢穴。」

小偷代表說：「這對我們不公平，為什麼一定要暴力對抗呢？憑腦子不行嗎？憑長相不行嗎？憑育兒經驗不行嗎？猜拳不行嗎？」

雌性代表說：「那麼聽我的，誰對我和我的孩子好，巢穴就給誰。」

地主代表說：「我對你們好，遇到危險我可以幫你們擊退，小偷小個子沒有能力。」

小偷代表說：「話不能這樣說，我體形小，靈活啊，帶著魚卵就躲避了捕食者。我提倡不以暴力做為唯一標準，先天的體形劣勢不能怪我，我們要更公平地競爭。你看地主又犯了這個錯誤。」

地主代表說：「可是說來說去，暴力原則收益最大，也最容易執行，你能提出一個更好的法子？」

小偷代表說：「那就先來後到，第一個發現巢穴的可以擁有這塊領地，不准用暴力搶。」

地主代表發言：「可是最好的資源就應該分給最有能力的。」

小偷代表說：「發現巢穴也是一種能力，我看你是四肢發達，腦子進水了吧。」

雌性代表發言：「只要你們不要在我交配時衝進來釋放精子，充分尊重我的選擇，我就支持，未經同意的性行為應當被譴責。」

如果動物們都可以透過講理來制定一個大家都認同的規則，這可能是最理想的社會。但父權社會不滿足這一條件，母權社會同樣不滿足，最後的平衡點只有一個，就是平等。

一夫一妻制相比其他的多配制更為平等，但仍有漏洞可鑽，那就是出軌。一九六八年，牛津大學動物學系愛德華德瑞研究所所長大衛．萊克（David Lack）提出，九三%的雀形目鳥類都是一夫一妻制[299]，這個振奮人心的消息讓眾多人類感慨終於又可以相信愛情了。只可惜好景不長，科學家沒多久就發現隔壁老王無處不在。

雌性紅翅黑鸝理論上只擁有一個社會配偶，但實際如何呢？有一項研究描述了這麼一件怪事。在一個地區，因紅翅黑鸝造成莊稼太多損害，人類一怒之下把該地所有雄性黑鸝都結紮了。然而，三十九窩鳥蛋裡面有二十七窩（六九%）都孵出了小鳥，其中的二十六窩（九六%）中所有鳥蛋都受精了[300]。科學家們會心一笑，說明雌性和不在該地區常駐的雄性交配過。

一直到二十世紀九〇年代，DNA鑑定技術出現，首次證實了鳥類私生子的存在[301]。二〇〇二年，西蒙．格里菲斯（S. C. Grifith）團隊發現在雀形目中，只有一四%的鳥類是真正一夫一妻制，大約九〇%的鳥類物種中存在私生子，社會性一夫一妻制的鳥類中，仍有超過一一%的後代是隔壁老王的[302]。

我們尚不明確一夫一妻制出現的動力，因為這極大地弱化了性選擇。減少配偶個數和減少交配次數有利於雌性，她們能以忠貞為籌碼要求雄性付出更多撫養成本。但對那些富有魅力的雄性而言，一夫一妻制無異於晴天霹靂，而對底層雄性而言，他們終於鹹魚翻身了。一夫一妻制更利於撫養後代，雖然我們並不知道是父愛導致一夫一妻制產生，還是一夫一妻制強化了父愛。也有研究認為一夫一妻制的出現是因雄性討配偶成本太高，娶一個就已經傾家蕩產了，沒辦法再娶第二個。

格里菲斯的研究揭示出鳥類一夫一妻制下的真相。鳥類出軌率如此之高，讓我們不禁感慨，某些雄性實在很辛苦，一邊要看好自己的配偶，一邊要調戲別人的配偶。對雄性而言，讓別的雄性給自己養孩子，簡直是穩賺不賠的買賣，殊不知，大家都出軌，自己說不定也被綠了。但對雌性而言，其中的好處卻並不明顯，而且偷情一旦被老公發現，很可能就離婚了。失婚雌性容易日漸消瘦，娃也養不活，成本頗高。

那為什麼雌性也要出軌呢？[12]有研究認為雌性雖然嫁了魯蛇，但還是有一顆和高富帥纏綿的

12 一九四八年，安格斯．約翰．巴特曼（Angus John Bateman）發現雄性果蠅生殖成功的概率和他擁有的配偶數目正相關，但雌性果蠅生殖成功的概率和她擁有的配偶數量的關係並不大。因此，「雌性為什麼要出軌」這個問題困擾了學術界幾十年，至今沒有確定性結論。

心，魯蛇離婚後不容易找到新配偶，所以就算被綠了也不會輕易說分手。也有研究認為雌性考慮的是萬一自己老公不育怎麼辦，多找幾個備胎萬無一失。還有研究認為在殺嬰盛行的物種內，雌性會同時保有多個性伴侶，以防止離婚再嫁後，新老公會殺掉自己和別的雄性生的孩子，因為他分不清這一窩幼崽裡，誰才是他的種。

另一項研究比較激進，認為雌性出軌對自己沒好處，只是和雄性共用了一套情感基因，她的父親和兒子都可以從這套基因中獲得好處，她則默默「犧牲小我，成全大我」[13]。還有研究認為多情的雌性生育力更好，控制二者的基因可能在同一條染色體上相隔不遠，所以總是同時出現[14][303]。

一夫一妻制極大地降低了性選擇的強度，但出軌卻為性選擇提供了新的原料。

雌性的繁殖策略是性伴侶愈優質愈好[304]。研究顯示配偶過多或交配次數過多會減短雌性壽命（因雄性會帶來物理性或生物化學性傷害）[305]，降低生育水準[306]，增加死亡率（例如交配時被捕食），提高性傳播疾病感染率。而優質雄性總是少數，因此一夫多妻制在動物界中比較常見，雄性為雌性提供保護（防止其他雄性性騷擾），雌性向雄性保證只和你生孩子。但在性別比接近一的群體中，倘若一部分雄性擁有幾個配偶，必然會導致一部分雄性沒有配偶。某些極端的情況下，可能發展為群體中一、兩個最強壯的雄性霸占了幾乎所有雌性，而處於下風的雄性只能打一輩子光棍。比如，海獅群體中，五三%的雄性一個後代也沒有，八六%的雄性後代數量不超過二個，而領頭雄性平均擁有高達三十三個後代[307]。

但這樣的繁殖策略不總是有利的，生物世界繽紛多彩，繁殖結構多種多樣，大致可以分為一夫多妻制、一妻多夫制、多妻多夫制[15]、一夫一妻制和合作繁殖制。

一妻多夫制在昆蟲中很常見。研究表明雌性擁有多個配偶有助於提高後代生存率[308]，也許是昆蟲腦子不夠好使，雌性並不十分依賴交配前選擇，而更傾向於「是騾子是馬遛一圈再說」，誰的精子在生殖道裡跑得快誰贏。另一方面，昆蟲一次動輒生幾百上千個娃，絕大部分在性成熟之前就掛了。雌性需要的不僅是品質上乘的精子，還需要基因多樣性，以應對不同的環境挑戰。假設某個雌性昆蟲分別和一個有抗殺蟲劑基因的雄性、一個跑得快的雄性、一個能忍饑挨餓的雄性、

13 兩性拮抗演化（Sexually antagonistic coevolution）：雄性的某種性狀可能會被雌性選中，成為優勢性狀，但這種性狀在兩性中可能由同一套基因控制，而這套基因對雌性可能是不利的。同理，在雌性中被選中的一些性狀相關基因，也可能對雄性是不利的。

14 連鎖不平衡（Linkage disequilibrium）：兩個或多個基因位點總是同時出現，一起出現的概率高於隨機出現在一起的概率，說明這些基因並非完全獨立遺傳。

15 以上三者非互斥關係。

一個腦子好使的雄性交配，那麼她的後代在遭遇殺蟲劑、捕食者、食物短缺、環境變化時，總有一部分能活下來。相反，如果她只和其中一個雄性交配，那麼後代遭遇其他三種惡劣情況時，就很可能全軍覆沒了。許多昆蟲中，交配行為可以刺激雌性產卵，殷勤的雄性經常會帶一些小禮品討好雌性，從而提高雌性生殖力。

合作繁殖存在於鳥類、哺乳動物、魚類之中，通常表現為有其他幫手來幫小夫妻帶孩子、餵食、築巢等[309]，小夫妻因此得到了直接好處。但是科學家一直不明白幫手為什麼要這麼做，給別人照顧孩子並不能給他們帶來任何好處，甚至可能增加被捕食的危險。有人認為這些幫手通常是小夫妻的親戚，幫別人就是幫自己的家族。有人認為這些幫手是繁殖中的失敗者，他們沒找到對象，沒建好自己的小窩，只能去幫助群體中的其他個體，為今後養娃練手[310]。還有人認為動物天性裡有利他的基因，他們無所求，只想幫助別人[311]。

那麼，人類究竟選用了何種繁殖策略呢？睾丸大小和身體大小的比值能反映物種所經歷的精子競爭強度。在雌性和多個雄性交配的物種中，每個雄性當爸爸的可能性都減小了，於是他們演化出更大的睾丸，以產生更多精子。一夫一妻制的雄性不需要競爭，可以最大限度降低精子產量，所以他們的睾丸就比較小。另一種衡量方式是相對睾丸大小，即睾丸大腦比（睾丸／大腦）。濫交成性的黑猩猩睪丸大小超過了大腦的三分之一，而人類睪丸大小僅為大腦的三%，即便如此，人類的睪丸大腦比依然大於更嚴格意義上一夫一妻制的長臂猿。從更加誠實的身體資料看，人類其實不是嚴格的一夫一妻制生物，但人類很早就控制了對女性的交配權（透過一夫多妻制和一夫一妻制）[312]，所以不需要在交配上花費過多能量。

一夫多妻制生物中，雄性之間爭奪配偶的競爭很激烈，不斷選擇之下，兩性間的差異也愈來愈大。相對而言，一夫一妻制生物中，兩性差異幾乎沒有，而濫交的物種不是外貌協會，所以也不明顯。然而，人類依舊有較為明顯的兩性差異，成年男性體重約為女性的一．二倍，男性有鬍子，女性有胸，因此很難說人類是生物學意義上嚴格的一夫一妻制生物[313]。縱觀歷史，先後出現過的一百八十五個人類社會中，八四%的社會都存在一夫多妻制[314]。在一項有一百九十四名女性、二百二十二名男性參與的調查中，二二．二%的女性和二七．九%的男性都曾出軌[315]，人性也是動物性。

生育——當媽的貶值，當爹的升值？

社會關係的核心是性關係，有了性才有夫妻、父母、子女等關係。性，在橫向上讓毫無關係的兩個個體得以基因重組，縱向上讓基因可以在代際間傳遞。動物和早期人類群體多由血緣紐帶連結，在此群體中，個體才能逐漸衍生出利他、合作等一系列社會行為。

早期人類或許並不明白交配和懷孕的關係，不清楚男人在生育中的作用[316]。因此，氏族由女性始祖沿著女性世系傳遞下去，母親傳給女兒，女兒傳給外孫女[317]。生下來的男孩子屬於母親所在的氏族，但由於同姓不婚，他們需到別的氏族尋找妻子。女性可能同時擁有多個配偶，男性因為不能確定自己孩子的身分，孩子也不屬於自己氏族，而吃了很多年的啞巴虧。

那時，遺產由本氏族成員繼承，男性深感憋屈，辛辛苦苦掙一輩子錢，最後全給外甥、外甥女了，自己連個承繼香火的人都沒有。以前，他們覺得女人生產非常神聖，到了年齡莫名其妙就生孩子了，所以屈服於女人的權威，但後來他們發現沒有男人，女人也沒辦法懷孕。明白了自己不可或缺的作用，是否就可以談條件了？

男人原本就在體力上優於女人，可以做許多女人無法勝任的工作。況且女人生產的成本實在太高，孕期行動不便，身體負荷加重，萬一難產，不死也癱，就算不難產，各種併發症、感染也會大大降低女性的生存品質。最倒楣的是，就算今年躲過了一劫，明年還要生。不能避孕且醫療水準低下，導致女性很難長期工作。

既然如此，男女便開始分工合作。男人對女人的要求很明確——你只和我一個人睡。女人的要求也很明確——你養我和孩子。二者一拍即合。男人掌控了女人的交配權後，後代身分明晰，財產當然要傳給擁有自己五〇％遺傳物質的子女，而不是只有二五％相似的外甥、外甥女。那麼問題來了，男人要建立父系社會，女人想維持母系社會，究竟誰能獲勝呢？母系社會中，女人和自己的直系女性親屬一起生活，與丈夫發生衝突時，可以得到娘家強有力的支持，但在父系社會中，一個女人嫁到陌生的氏族，就處於孤立無援的境地了。

兩性博弈過程中，雌性的撒手鐧是我濫交你就不知道誰是你的孩子，雄性的撒手鐧是你濫交我就不供養你。多數一夫一妻或一夫多妻的動物社會中，雄性可以很大程度保證配偶生下的孩子是自己親生的，而在多夫制的動物社會中，雄性和後代的連結被切斷，雖然他們免於父愛的勞作，可是卻無法傳承自己的權力、領地和資產。

生育，標誌了兩性根本的不同。雌性生產代價極大，孕期需要攝入更多能量，覓食時間增長，行動不便，對應的被捕食風險也有所增加。雌鳥下蛋之後，體重顯著減輕，而體重是衡量身體健康狀況的重要指標。母雞生殖道最細的地方直徑不到一公分，卻每天要下一個半個拳頭大的雞蛋。女人分娩時的撕裂傷也可能導致大小便失禁，陰道順產則可能增加臟器脫垂概率。非洲一些國家的女性分娩死亡率高得驚人，比如，尼日共和國女性終身分娩死亡率高達七分之一[318]。

今天，雖然生產的風險已經極大降低，但生育給女性帶來職業上的牽絆依然不容忽視。在美國，女人每生一個孩子工資就降低五％，三十五歲以下的女性中，有孩子和無孩子的收入差異甚至比兩性收入差異還大[319]。相反，男性有了孩子之後，時薪卻有所上漲[320]。這種現象被稱為「當媽的貶值、當爹的升值」。女性生育黃金年齡和事業關鍵期重合，許多期望在學術界拿到終身教職的女性不得不放棄生子或延遲生子[321]，而男性卻沒有這些束縛。

兩性與生俱來的生理差異難以改變，不同個體的相處必然有衝突也有合作，性選擇領域的研究長期聚焦對抗與博弈，是時候轉換一下視角了。

動物世界的真愛

斑胸草雀在配偶孵蛋時，會站在巢周圍的樹梢上放哨，有蛇或其他捕食者出沒時，可以通知配偶逃跑。如果沒有放哨，孵蛋的一方容易迅速被捕食者吞沒，但放哨行為也會讓放哨者暴露在危險之下。溫順的斑胸草雀遇到捕食者時，他們的體形並不足以做出任何恐嚇動作，以嚇跑捕食者，他們也無法帶著辛苦養育的蛋逃跑，遇到危險，蛋則難以倖存。因而，研究人員推測斑胸草雀的站崗和預警並沒有保護後代的作用，更可能是為了保障配偶的安全。

另一種動物——紅翅黑鸝也有站崗行為，但他們有能力嚇退敵人，保護自己的鳥蛋。因此，研究人員推測他們之所以願意承擔放哨的風險，則可能與生殖利益相關。斑胸草雀沒有這一層利益考量，也許危險來臨時，他們思考的是蛋沒了可以再生，但是配偶沒了就要傷心了[322]。

果蠅精液中的蛋白可能導致雌性產卵增多、壽命降低，但交配與生殖並不總會傷害雌性的利益。心結蟻的蟻王、蟻后是終生單配制的。蟻王和蟻后在非常短的時間內大量交配，隨後蟻王死去，蟻后將這些精子精心地儲存在身體裡，在一生中緩慢釋放精子，以產生後代。有些種類的蟻后甚至可以持續用這些存貨讓卵子受精長達幾十年。單配制的物種中，兩性的衝突降到最低，雄性蟻王註定了會在縱欲過後早早死去，那麼他們傳遞自己遺傳物質（繁衍後代）的能力則與雌性的壽命綁定了。研究人員發現非處蟻后的壽命顯著高於處女蟻后，說明交配與繁殖可以增加雌性壽命。研究人員進一步使用正常和不育的蟻王和蟻后交配，發現生育後代和不生育後代的蟻后壽命無顯著差異。這和我們通常認為生育會降低雌性壽命的假說相悖。和有生育能力的蟻王交配的蟻后產卵更多，但統計發現，這種對身體的損耗並未影響她的壽命。蟻王如何透過交配延長另一半生命的機制尚不得而知，但蟻王死後還默默守護伴侶生命的舉措，的確讓人動容[323]。

牛津的郊區有一片森林，裡面有野生的一夫一妻制大山雀。研究人員在大山雀夫妻雙方身上綁了GPS，然後在山林的不同地方放置了食物基站。大山雀夫妻雙方被給予了不同的門禁卡，每到一個基站，夫妻中只有一方可以進去進食，有的基站只有雄性可以進去，有的基站只有雌性可以進去。研究人員想知道他們會不會為了食物而分開覓食？

如果要最大化收益，他們應該分開覓食，各自去尋找自己能打開門的食物基站。然而大山雀夫婦並沒有分離，他們攜手來到一個食物基站，其中一方進去大快朵頤，另一隻就在外面守候，這一隻吃飽了，他們再去尋找下一個食物基站。他們犧牲了自己的進食需求，付出了更多飛行成本，有時候他們需要找尋很久，但因為有愛，基站之間的距離再遠，他們也不會分開[324]。

這些動物裡，為交配而鬥爭不再是他們生活的核心。他們的合作行為超越了單方面的利益計算，也超越了進化論的「弱肉強食」。為什麼愛，為什麼活著，不是終極的利益目標，是終極的人生問題。

♀ 為什麼愛？為什麼活著？ ♂

達爾文在南美洲厄瓜多的加拉帕戈斯群島（Galapagos Islands）發現了達爾文地雀，後者啟發他寫作了《物種起源》，在後世眼中，加拉帕戈斯群島一躍成為達爾文主義者的聖地。我有幸在那裡短期工作過，加拉帕戈斯信託基金會的主管安迪指著寧靜的海灘對我說：「加拉帕戈斯給厄瓜多爾帶來了榮譽、金錢和仇恨。」

加拉帕戈斯旅遊業已被寡頭壟斷，五天四夜的行程價格超過八萬八千元臺幣，後來者根本無法從中取一杯羹，難免眼紅。所有來厄瓜多旅遊的人都是衝著加拉帕戈斯來的，厄瓜多人民享受著加拉帕戈斯帶來的巨大財富，同時卻憤恨不平，厄瓜多還有豐富的雨林系統，但遊人卻從不駐足。不過，如果不是加拉帕戈斯，想看熱帶雨林的人也會選擇巴西、祕魯，而非小小的厄瓜多。許多厄瓜多人因昂貴的旅費沒有機會一睹加拉帕戈斯的風采，甚至加拉帕戈斯大島上的居民也沒有機會去無人島遊覽。這更加劇了仇恨。

我們在島上沒有見到一片人類垃圾。安迪說：「看我們的保護工作做得多好。」每一片海域、每一塊岩石、每一個動物都投注了來自遊客、厄瓜多政府和達爾文追隨者的大量金錢。「我們致力於恢復加拉帕戈斯的生態環境，恢復至它受到人類干擾之前。」他們正在給弗洛雷安納島（**Floreana Island**）上的所有貓做絕育，因為他們會偷食鳥蛋和烏龜蛋。等這一批貓死了，島上就再也不會出現貓。

但最先給加拉帕戈斯帶來毀滅性打擊的不是貓，而是老鼠。他們恣意毀掉蛋和幼崽，島上的動物在沒有天敵的環境下生活了五百萬年，早就忘記了恐懼和抵禦。

人類準備消滅島上所有的老鼠。首先他們將隔離家養動物和野生動物，之後用直升機向整個島嶼大量投毒，毒藥降解之後，再把弗洛雷安納島周圍小島上的生物引入大島。

「為什麼要這麼做？」我問。

「為了情懷，我從小就熱愛動物。」安迪很陶醉。

「不，我是問，為什麼要花那麼多錢保護這裡的動物？」

「為了維護生態多樣性，一旦我們成功，這種方式就可以在全世界許多島嶼推廣。」

「為什麼要維護生態多樣性？」

「因為動物是我們的朋友。」

我不好再問下去。人類做的所有努力都是為了人類自己，其實地球不需要被保護，四十六億年，什麼極端情況都經歷過。生物不需要被保護，從三十五億年前走到今天，屍骨堆積如山，滅絕相比生存更是一種常態。人類保護環境其實是為了人類的生存，人的身體沒有那麼快演化到可以適應汙染的空氣、水源和土壤，人的技術沒有強大到有朝一日我們面對環境巨變時，還能泰然處之。人類保護生態多樣性是因為人類自知無知，活化石比死化石能提供更多資訊，現存的生態環境能比照片提供更多資訊。多樣才能抵抗不可預知的災難。人類與其他動物的血液相似，基因也高度一致，其他動物提供的資訊可以幫助人類生存下去。當保護動物所帶來的利益超過了任其滅絕的利益，還有什麼理由不握手言和？

那麼，人類憑什麼決定一種生物比另一種生物更重要？其實也是憑利益大小。為什麼對老鼠趕盡殺絕？因為老鼠妨礙我們賺錢。為什麼對細菌、病毒毫不心慈手軟？因為牠們引起的疾病妨礙我們活著。為什麼養寵物？因為牠們能和我們玩。為什麼養家禽、牲口？因為牠們能讓我們食用。為什麼有道德和法律？因為有了這些，人類才能活得更好。為什麼有愛？因為愛會給你一種錯覺，一種我們彷彿不是僅為了人類的利益而活著的錯覺。

加拉帕戈斯的環境保護，主要是為了「錢生錢」。前有達爾文背書，後有大衛·萊克作傳，加拉帕戈斯一躍成為動物旅遊界的奢侈品。但它之所以得到學界大咖的青睞，也是因為得天獨厚的地理優勢。

加拉帕戈斯群島位於太平洋板塊之上，所有島嶼均誕生於火山爆發，火山熱點現位於伊薩貝拉島（Isabela Island）和費爾南迪納島（Fernandina Island）之下，島嶼上沒有原生生物，幾乎所有陸生生物都來自美洲大陸，因此可以在不同島嶼上研究同一物種的分化。太平洋板塊主要由玄武岩構成，相較於花崗岩組成的美洲大陸板塊，它更重，在板塊運動時會下插入美洲板塊下方，故加拉帕戈斯群島一直向美洲大陸移動，火山熱點位置不變，隨之形成了一連串島嶼。二千萬年前，最早的植物是被風和鳥帶到島嶼上的，有了植被之後，從大陸而來的生物才能生存。大型陸生生物從美洲大陸乘坐木頭等漂浮物而來。但一千萬年前，位於美洲西海岸的安第斯山脈隆起，被沖到海裡的生物大大減少，加拉帕戈斯也實現了地理隔離。現存最早的加拉帕戈斯島嶼誕生於五百萬年前，更古老的島嶼與其承載著的生物已隨著板塊運動沒入美洲大陸板塊之下。死亡是自然界中的常態遺跡。

在南普拉薩島（South Plaza Island），我們發現了一具海鬣蜥的乾屍，我們問導遊海鬣蜥為什麼會死，他說：「來這裡的人們總是忘記動物會死。」

在厄瓜多的首都基多（Quito），導遊指著安第斯山脈自豪地對我說：「厄瓜多大部分人是中產階級，基多沒有貧民窟。」紅綠燈下，一個雜技演員正往空中拋擲道具，雜耍完畢，便敲車窗索要小費。導遊不屑地對我說：「那是哥倫比亞移民。」遠方山腰處，一間破敗的茅草房被垃圾環繞，一頭豬自由地在垃圾堆中覓食。「我們是南美洲農業第四大國，厄瓜多有肥沃的火山土壤，適宜的氣候，一年四季都能種植作物。」小巷兩旁，年輕的姑娘站在門口，一手一個霜淇淋，一邊舔一邊賣，路邊到處可見 Chifa 餐館（祕魯中餐館）。導遊接著說：「厄瓜多有很多中國移民，有一個城市中國居民甚至占了三四％，我們熱愛中國的炒飯。厄瓜多的最大香蕉出口商姓『王』。」

接著，導遊精心講解基多的殖民時期建築，說道：「厄瓜多的土著最終接受了西方的自由思想。」

這些土著們之前被西方世界殖民，現在卻轉身成為動物世界的殖民者。他們最終學會了如何以人類利益為中心的方式對待動物。不管是老鼠、貓，還是那些吸引著世界各地遊客的珍稀保護動物們，他們最終的處境如何，完全還是取決於他們對人類能產生多大的利益。人類可以有秩序地撲殺、閹割和引進動物，並學會用愛的名義去包裹太過赤裸的利益。

結語

二〇一七年二月，我初次寫作專欄。前期的寫作主要在學習，但無形中敲掉了很多思維的圍牆，特別顯著的一點是，此前，我總是從人類的角度去思考動物，比如，主流人類社會很長一段時間內是父權制，我就會推論動物界可能也是這樣，但其實別說父權制了，連社會性動物都很少。以前我認為強者建立秩序，弱者被淘汰，後來發現這種視角太狹隘了，弱者不甘於被淘汰，他們有很多法子活下去。人類只是生物中的一種，我恰好是人，並沒有什麼獨特的。如果我是一隻雞，也會覺得雞有偉大的文明。

如果說到這裡為止，只是拓寬了思維邊界，那麼接著對替代生殖策略的思考則帶來了思想上的轉捩點。替代生殖策略指的是群體裡有固定比例的雄性，他們在體力、體形上無法和其他雄性抗衡，無法透過正當的競爭和擇偶獲得交配機會，於是小偷小摸、弄虛作假，騙來一些生殖機會。

一開始，我對這種做法深惡痛絕，因為自我代入了強勢的製造與遵守規則的一方，反感別人來偷盜屬於我的既得利益。畢竟大家都有過被偷的經歷，十分希望騙子誠實做人。

然而，在某個時刻，一個念頭突然擊中我，如果我是騙子呢？如果不偷不搶就沒辦法生存、沒辦法生殖，我仍舊什麼都不做嗎？這個困境折磨了我很久，後來我找到一條出路——如果規則是正義的，就應該遵守規則；如果規則不是正義的，那麼就要抗爭。

什麼是正義呢？依靠暴力分配資源是正義的嗎？雄性擂臺賽究竟是公平的競爭？還是依賴武力進行欺壓？如果有的個體因先天的基因問題或後天營養不良，武力上無法和其他雄性抗衡，這時仍把暴力做為唯一標準是否有失公允？如果有一天我成了天生的弱者，我希望怎樣被世界對待？如果被規則擠壓得沒有生存空間，我會不會去偷盜？如果誠實的原則勝於生命，那我是否甘於被淘汰，做千千萬萬個被遺忘生物裡的一個？如果抗爭，真的有誠實的辦法嗎？誠實的手段難道仍舊要依賴暴力嗎？

這使得我重新審視強弱，從自己的偏見出發去逐步逼壓問題所在。現有的偏見是父權制社會下的等級制度對低等級雄性的欺壓，以及雄性對雌性的欺壓。象海豹群體裡，絕大多數交配行為是等級最高的五頭雄性象海豹主導的，剩下的幾十頭雄性象海豹可能終生都沒有交配機會。從體力上看，這五頭雄性確實是強者，可是這樣的資源配置是否太過不公（暫時不考慮對雌性的物化）？雄性的強力發展到極致，他們的體形遠大於雌性，因此可以主導交配，雌性不僅不能反抗強迫性行為，甚至無法阻擋雄性肆無忌憚的殺嬰行為，約四〇%幼崽喪生都和雄性間的爭鬥有關。因而對父權制的思考引申出兩個難題：第一，雄性上位者應該如何對待下位者；第二，雄性想交配而雌性不想交配時，雄性可以強迫雌性嗎？

規則是強者制定的，但弱者不屈於命運的安排，雄性強者、弱者和雌性這個三角關係張力十足。雄性內部，強者和弱者的衝突始終存在，雄性依賴暴力爭奪資源，利用資源吸引配偶繁育後代。暴力是否是唯一可行的分配方式？如果不是，那是不是最好的分配方式？如果也不是，那麼弱者利用欺騙突圍是否就可以被理解？但即使這樣，欺騙是否無論情景如何都不正當？欺騙行為的受害者不光有雄性強者，也有雌性，被暴力欺壓的雄性弱者也用暴力欺壓「體力上更弱小」的雌性，導致雌性被迫生育了有著坎坷命運的後代。然而如果充分尊重雌性的交配意願，那對於雄性是否不公平？無論在何種規則下，弱者都是被遺忘的。一些雌性只因天生不能產卵或懷孕，就喪失了繁殖的主動權。而一些雄性只因為生得不好，便幾乎無法贏得戰鬥，他們要麼得尊崇黑色地主的暴力規則，要麼得尊重雌性的挑選規則。雌性和黑色地主並非毫無衝突，如果暴力規則和挑選規則得出的結果不一，就如本書開頭競爭的兩隻黑色流蘇鷸，如果雌性愛慕的是戰敗的那隻，獲勝者卻強行將她視為戰利品，該聽誰的？

誰擁有制定規則的權力？這是一個難題。

上文說父權制是一種偏見，因為多數時候，雄性上位者沒有那麼大的權力，而這些「被操縱」的下位者其實也可以操縱上位者。一個簡單的理論框架是不論什麼性別，不論什麼等級，能量終究是有限的。如果把能量分給了發育肌肉，就少了一些發育精子的能量。除了能量權衡外，社會地位和精子間也會有權衡。社會地位高的雄性精子品質低，就指出了下位者突圍的一條路。交配機會難找，就把握每一次機會，製造更多品質更好的精子。事實上，擅長偷竊的下位者確實擁有不成比例的大睪丸，這時弱者就創造了規則。明線裡規則是社會地位，暗線裡是精子品質，我們總是有意無意地忽略掉暗線，但事實上，規則從來不是單一的。

雌性也是如此，雄性鴨子擁有巨大的生殖器，這樣的生殖器有助於強迫性行為，但是到了雌性體內，規則是雌性說了算。雌性鴨子的生殖道是複雜的迷宮，雄性很可能走歪了路，把珍貴的精子留在永不見天日的死角。不僅如此，雄性生殖器需要伸縮，要用的時候需要彈射出來，但雌性的生殖道和雄性生殖器舒展的方向相反，得不到雌性的輔助，雄性生殖器很可能不能正常展開。

公雞沒有生殖器，母雞就演化出另一套機制，母雞如果被不喜歡的公雞強迫了，她可以排出他的精子。規則不是單一的，雌性的身體就是最後一道防線。

如果雌性從防禦姿態轉換成進攻姿態，則是性別相反的強者欺壓弱者。最駭人聽聞的莫過於雌性蜘蛛吃掉正在交配的雄性，美其名曰吸收更多營養照料共同的孩子，可是有時到了終止交配時，卻還沒有停下自己的血盆大口。讓雄性為一時的歡愉付出生命的代價是正義的嗎？即使雄性默許了這種獻身，又怎樣確定這不是在體形遠超雄性的雌性威逼之下的妥協？暴力模糊了邊界，一下子堵上了弱者說理的嘴。在母權制社會，雄性經歷了雌性在父權制社會經歷的不公。雄性倭黑猩猩的一生被母親操辦，他們的社會地位也不能靠自己爭取，總是和母親掛鉤，他們是沒辦法開口的邊緣人物。高等級雌性還可能抑制低等級雌性生育，就算偷偷生下來，一旦被發現，孩子也可能被殺。權力，是非此即彼的嗎？

兩性爭鬥，雙方尚可角力，可是父母之於孩子就是絕對的強者，強者欺壓弱者，弱者就可以欺壓更弱者。母親覺察到孩子品質不好，子宮可能會自動流產，如果雌性被不喜歡的雄性逼迫受精，母親也可能流掉這個孩子。雄性育娃的海龍也會偏心，如果不中意交配對象，就會限制孩子的發育。海鷗通常會先後下兩顆蛋，如果第一顆蛋沒有孵化，還有第二顆蛋可以寄託，如果第一顆蛋孵化了，便會任由一胎欺負二胎，嚴重時，二胎會被踢落巢穴死亡。母親和孩子的利益發生衝突，孩子缺少母愛可能會死亡，但要求母親把孩子的需求擺在自己前面又有什麼理由呢？能力明顯失衡的情況下，強者該如何對待弱者？性選擇站在統治者視角，追求群體利益最大化，但如果我是那個會拖大家後腿、被犧牲掉的人呢？

即使能力不同，仍舊可以合作。輔助精子可以為了正常精子的成功犧牲自己，雌性可以幫自己的親人帶孩子。相比暴力強權的碾壓，聰明的雄性、負責任的雄性也能找到配偶，弱者不用日復一日冒著生命危險去虎口奪食。

設想大家站在一塊布幕後面商討制定規則，誰都不知道布幕之下自己會領到什麼角色。如果同意對弱者的欺壓，那麼自己成為弱者時也會被欺壓。

我們的文明所做的是反抗性選擇和自然選擇的弱肉強食，而不是對暴力的放任。

後記

進化論下個體無意義

二〇一七年底，我回國拜訪了武漢大學哲學院劉樂恆、陳曉旭夫婦。陳老師問了我一個問題：「進化論解釋力很強，但問題在於你滿不滿足？」那時我還不懂這個問題的含義，於是說：「滿足，因為它可以圓融地解釋世界上發生的很多事，只是有一點我很困惑，進化論的基本單位是群體，如果個體無意義，我思考的這一切又是什麼呢？」

為什麼說進化論面前無個體？一個人如果莫名其妙突變得到了一個好的基因，結果運氣不好，在性成熟之前被雷劈死了，一個好的東西如果沒有傳播，也就不是一個好的東西了，因為存在的概率無限趨近於零。但如果你生了一千個孩子，你的孩子平均每個人又生了五百個孩子，你的影響力指數級增加，進化裡面就會有你的一席之地。同樣，你有一個壞的基因，然後你死了，社會損失一個個體幾乎不會有任何影響。但如果是傳染病，一下子死了一大批人，那麼這件事在歷史上便有其位置。

劉老師補充了一句：「哲學通常就是捅別的學說一刀，自己也受傷很重，看你能不能挺過來了。」之後的一年，我都在思考這個問題。二〇一八年底再見到兩位老師時，我說：「完了，我現在不滿足了，如果去年你們沒對我說那一番話，我可能還快樂地相信著進化論是解釋一切的鑰匙。」

回頭想一想，為什麼我會一步步走向進化論，我一直在尋找最有解釋力的理論，讀博士班之前，知識龐雜毫無系統性，而進化論是一套自洽的體系，在後人的不斷發展下，從宏觀到微觀，從理論到實驗，邏輯自洽，事實自洽。它足夠包容，能解釋幾乎所有生命；同時又非常簡單，不同的策略導致的生存和生育率不同，而生存和生育率則是成功的標準。這套結構優美的理論確實有不可替代的價值，但它不是全部。現在已經有學者質疑這種思維模式，只不過新的思想還未建立，進化理論是破不掉的。

可是為什麼我又不滿足了呢？我反感個體無意義。而更深層次的是反感我的理性試圖證明我自身無意義。科學注重的是整體，一隻雞如何如何並不能得出任何結論，要研究一群雞是否都發生了某種行為偏移；一隻雞此刻發生了什麼並不重要，重要的是時間縱深下，一隻雞的一輩子都發生了什麼。科學要剔除偶然，而人生卻是處處充斥著偶然。我不必然要做一件事情，只因為周遭的人也做了；我不必然要做一件事情，只因為我之前如此這般做的。人做實驗，採取的是上帝視角，而人活著，採取的是「我」視角。上帝視角下，如果我偏離了宏觀統計學規律，那麼我就無意義；「我」視角下，正因為我有個人意志，所以我有意義。

從科學出發去尋找我自己，這感覺就像為了尋找人生意義，從紛雜的海面潛入海底，而尋找人生意義需要浮出水面，認真地審視自己。個體是否有意義需要經過複雜的論證，也是我今後人生中一個重要的思考議題，不管最後結論如何，都不妨礙我現在選擇相信個體有意義，相信我有意義，相信我此刻有意義。

進化論不能用來指導生活

達爾文主義至今仍舊是生物學裡最重要的理論，並被遺傳學等大大擴充，演化成新達爾文主義。《物種起源》一共有六版[325]，目前公認第二版最佳，之後迫於各種社會壓力，愈改愈變味。達爾文最初的《物種起源》中沒有提到適者生存的概念。一八六九年，達爾文出版了第五版《物種起源》，將第四章的題目由「自然選擇」改成了「自然選擇，又稱適者生存」。適者生存這一概念來源於斯賓塞（Herbert Spencer）。斯賓塞認為生物都遵循進化的規律，種群密度夠大時就產生競爭，一種生物如果相較競爭對手有生存優勢，且他們可以把這種優勢傳遞給自己的後代，多代之後，那些不怎麼成功的生物就被淘汰了，因此適者生存是進化不可避免的最終結果[326]。社會也是如此，社會由簡單向複雜進化，進化的過程中，小的社會被吞併或淘汰，通常是透過戰爭，最強大的社會留下來，逐步擴大，形成超級社會。

達爾文的鬥牛犬赫胥黎（Thomas Henry Huxley）一八九三年在牛津大學為《物種起源》激辯，講座內容被整理成《進化論與倫理學》（*Evolution and Ethics*），此書的中文譯本叫《天演論》。原書中，赫胥黎認為適者生存這一理論有極大的偏差，社會拋棄弱者、不幸的人和不能為社會創造財富的人是可恥的，因為文明的力量在於我們不是只讓最適者生存，而是讓那些不適者也能生存[327]。但嚴復的譯本卻結合了斯賓塞、赫胥黎、達爾文，還有他自己的理論，尋求保種救亡。

儘管如此，在大眾眼裡，適者生存仍舊是達爾文的鍋。那真實的達爾文是什麼樣的呢？達爾文老人家寫了非常多本書，有研究藤壺的，有研究靈長類表情的，但最出名的兩本書是一八五九年出版的《物種起源》[328]和一八七一年出版的《人類的由來和性選擇》（*The Descent of Man and Selection in Relation to Sex*）[95]。《物種起源》裡，達爾文介紹了自然選擇和性選擇。他認為進化之所以發生，有三個先決條件：第一，個體有差異；第二，差異影響生存能力；第三，差異可遺傳。大部分生物產生的後代遠多於最後被篩選存活下來的個體，因為有差異，在同一條標準下一定有高下之分，那些略優於同伴的個體更容易存活，處於底層的個體會遭到毀滅，這就是自然選擇。自然選擇不會誘發變異，它只是保存了已經發生的、能促進生物生存的那些變異。但是，不同環境中的選擇標準不同，所以不存在某些絕對優秀的個體。

斯賓塞也寫了很多本書，廣泛涉獵社會學、生物學、倫理學和宇宙學，形成了大一統的哲學體系，是社會學的奠基人之一，在十九世紀風頭無兩，他的專欄被當時眾多大佬訂閱，比如達爾文、密爾（John Stuart Mill）等。斯賓塞被後人定義為社會達爾文主義者，可是早在一八五二年，斯賓塞就提出了適者生存理論，比達爾文出版《物種起源》還早了七年。這個命名顯然不夠科學，導致達爾文頻頻躺槍。與其說社會達爾文主義由達爾文主義發展而來，不如說，達爾文主義和社會達爾文主義同時由拉馬克（Jean-Baptite Lamarck）的進化論和馬爾薩斯（Thomas Robert Malthus）的學說發展而來。儘管斯賓塞很多學說頗有建樹，但他為人詬病的一點是，他認為政府不該過多幫助社會中不幸的人[329]，比如，護士照料病人，可是卻給自己和家人帶來患上傳染病的風險，因此罹患疾病的弱者不應該要求周圍的健康人為他們犧牲[330]。他認為社會上的競爭要麼會淘汰那些不適應的人，要麼會讓他們居安思危奮起變革。一八五〇年，斯賓塞在《社會靜力學》

（*Social Statics*）中指出社會應該清除那些不適者，讓世界變得更好[331]，這和二十世紀大為發展的福利主義背道而馳。

社會達爾文主義的名聲最後被優生學搞臭了，連帶著達爾文也經受罵名。斯賓塞的進化倫理學雖有瑕疵，但其實理論並不十分極端，至少他仍舊認為文明的力量超越了暴力的競爭。可是達爾文的表兄弟高爾頓（Francis Galton）不這樣認為，他一手創立了優生學，認為有些人比較優秀，有些人比較劣等，應該讓優秀的人多生孩子，同時清除劣等種族。優生學的另一支持者是德國博物學家海克爾（Ernst Haeckel），他甚至認為我們應該像斯巴達人一樣，拋棄那些體弱的嬰兒，以保證種族的優良。歷史上垃圾的理論很多，但是只要理論不被政治利用，就發揮不了實質性的破壞，久而久之就被人遺忘了。然而優生學遇上了納粹，後者帶來了二十世紀最大的浩劫，成功地讓前者遺臭萬年[332]。

儘管我們嘴上唾棄著納粹，但社會達爾文主義仍像血管一樣深入了人類社會組織，掩藏在皮面之下。有疾病來了，我們就淘汰免疫力差的人，淘汰沒有生產力的人，淘汰不孕不育的人。有暴力衝突來了，我們就淘汰那些弱勢群體，那些沒有武力的人，那些沒有財產的人。但總有一天，我們會老，總有一天我們不能再為社會創造財富，總有一天我們手裡沒有槍。所以，人類所做的一切科技和醫療方面的努力，不是讓我們的社會淘汰那些「不適者」，而是讓弱勢群體能違抗自然選擇活下來。如果無法自然受孕，我們還有試管嬰兒，如果生下來就有疾病，我們還有現代醫療，如果年老體衰，我們還有社會福利和醫學支持。

死太容易，活著才難。

致謝

感謝大象公會幫助此書得以順利出版，特別感謝黃章晉先生對這一系列文章的賞識，陳銘先生對文章的編輯，馬崢先生對出版的推進，蕭伯愷先生的運營，以及眾多無私為我提出建議的同事們。

感謝我的導師牛津大學的托馬索·皮扎里（Tommaso Pizzari）教授傳道、授業、解惑，在他的引領下，我的問題意識有了推進，能夠更精準地把握學術動向和脈絡。感謝中國科學院深圳先進技術研究院腦認知與腦疾病研究所的合作導師蔚鵬飛老師與王立平老師給予的學術訓練。

感謝恩師陳曉旭、劉樂恆夫婦，以及思與修哲學研究所的周志羿老師在哲學領域的導引，在他們的影響下，才有了本書最後的轉向。

感謝新經典文化楊曉燕主編、趙慧瑩、秦薇、孫騰編輯的幫助，本書於二〇二〇年六月定初稿，反覆修改至二〇二二年六月，尤其感謝楊主編的耐心與敦促，幫助我克服了擔心書稿不完美的恐懼，感謝趙編輯無數次細緻專業的修改，使本書能最終呈現圓融的外貌。

感謝朋友宋思賢先生對本書的學術建議。

附錄

珍蝶	*Acraea encedon & Acraea encedana*
塞島葦鶯	*Acrocephalus sechellensis*
紅翅黑鸝	*Agelaius phoeniceus*
紅吼猴	*Alouatta seniculus*
海鬣蜥	*Amblyrhynchus cristatus*
背紋雙鋸魚	*Amphiprion akallopisos*
雪雁	*Anser caerulescens*
寬足袋鼩	*Agile antechinus*
西方蜜蜂	*Apis mellifera*
瘤船蛸	*Argonauta nodosa & argo*
球鼠婦	*Armadillidium vulgare*
山艾樹	*Artemisia tridentata*
家蠶蛾	*Bombyx mori*
秀麗隱杆線蟲	*Caenorhabditis elegans*
流蘇鷸	*Calidris pugnax*
四紋豆象	*Callosobruchus maculatus*
心結蟻	*Cardiocondyla obscurior*
西班牙箭蟻	*Cataglyphis hispanica*
蘆蜂	*Ceratina calcarata*
波斑鴇	*Chlamydotis undulata*
海蛞蝓	*Chromodoris reticulate*
鬣蜥	*Cophotis ceylanica*
斑鬣狗	*Crocuta crocuta*
犬蝠	*Cynopterus sphinx*
二裂果蠅	*Drosophila bifurca*
象	*Elephantidae*

扇鰭鏢鱸	*Etheostoma flabellare*
豹紋守宮	*Eublepharis macularius*
白頰黃眉企鵝	*Eudyptes schlegeli*
長海膽	*Evechinus chloroticus*
皿蛛	*Frontinella pyramitela*
原雞	*Gallus gallus*
馬爾他鉤蝦	*Gammarus lawrencianus*
三棘刺魚	*Gasterosteus aculeatus*
細角黽蝽	*Gerris gracilicornis*
刺舌蠅	*Glossina morsitans*
雙斑蟋蟀	*Gryllus bimaculatus*
東南田蟋蟀	*Gryllus rubens*
庭園蝸牛	*Helix aspersa*
美麗異小鱂	*Heterandria formosa*
裸鼴鼠	*Heterocephalus glaber*
棕海馬	*Hippocampus fuscus*
海參	*Holothuria arguinensis*
克氏長臂猿	*Hylobates klossii*
橫帶低紋鮨	*Hypoplectrus nigricans*
裂唇魚	*Labroides dimidiatus*
藍鰓太陽魚	*Lepomis macrochirus*
大齒鬚鮟鱇	*Linophryne macrodon*
日本獼猴	*Macaca fuscata yakui*
地中海獼猴	*Macaca sylvanus*
流星錘蛛	*Mastophora cornigera*
華麗琴鳥	*Menura novaehollandiae*
桿狀線蟲	*Mesorhabditis belari*

密氏倭狐猴	*Microcebus murinus*
田鼠	*Microtus californicus*
草原田鼠	*Microtus ochrogaster*
北象海豹	*Mirounga angustirostris*
非洲獴	*Mungos mungo*
小鼠	*Mus musculus*
堤岸田鼠	*Myodes glareolus*
灰色庭蠊	*Nauphoeta cinerea*
海蛞蝓	*Navanax inermis*
菸草植物	*Nicotiana attenuata*
海獅	*Otariidae*
南美硬尾鴨	*Oxyura vittata*
倭黑猩猩	*Pan paniscus*
黑猩猩	*Pan troglodytes*
獅	*Panthera leo*
老虎	*Panthera tigris*
大山雀	*Parus major*
藍孔雀	*Pavo cristatus*
東南白足鼠	*Peromyscus polionotus*
加利福尼亞小鼠	*Peromyscus californicus*
鹿白足鼠	*Peromyscus maniculatus*
海豹	*Phocidae*
葉狀臭蟲	*Phyllomorpha laciniata*
泡蟾	*Physalaemus pustulosus*
秀美花鱂	*Poecilia formosa*
茉莉花鱂	*Poecilia latipinna*

孔雀魚	*Poecilia reticulata*
光若花鱂	*Poeciliopsis lucida*
孤若花鱂	*Poeciliopsis monacha*
藤壺	*Pollicipes polymerus*
小長臂蝦虎	*Pomatoschistus minutus*
克氏原螯蝦	*Procambarus clarkii*
白鐘傘鳥	*Procnias albus*
偽角扁蟲	*Pseudoceros bifurcus*
三趾鷗	*Rissa tridactyla*
大西洋鮭	*Salmo sala*
金絲雀	*Serinus canaria*
狐獴	*Suricata suricatta*
睛斑扁隆頭魚	*Symphodus ocellatus*
海灣海龍	*Syngnathus scovelli*
寬吻海龍	*Syngnathus typhle*
斑胸草雀	*Taeniopygia guttata*
北美紅松鼠	*Tamiasciurus hudsonicus*
太平洋野地蟋蟀	*Teleogryllus oceanicus*
泰突眼蠅	*Teleopsis dalmanni*
赫爾曼陸龜	*Testudo hermanni*
西方松雞	*Tetrao urogallus*
弓形蟲	*Toxoplasma gondii*
縫唇蝠	*Trachops cirrhosus*
海鴉	*Uria*
棕熊	*Ursus arctos*
非洲地松鼠	*Xerus inauris*

參考文獻

[1] Lamichhaney, S., Fan, G., Widemo, F., Gunnarsson, U., Thalmann, D. S., Hoeppner, M. P., Kerje, S., Gustafson, U., Shi, C., and Zhang, H. (2015), "Structural genomic changes underlie alternative reproductive strategies in the ruff (Philomachus pugnax)," *Nature Genetics*.

[2] Taborsky, M., Hudde, B., and Wirtz, P. (1987), "Reproductive behaviour and ecology of Symphodus (Crenilabrus) ocellatus, a European wrasse with four types of male behaviour," *Behaviour*, 102 (1-2), 82-117.

[3] Taborsky, M. (1994), "Sneakers, Satellites, and Helpers: Parasitic and Cooperative Behavior in Fish Reproduction," *Advances in the Study of Behavior*, 23 (08), 1-100.

[4] Svensson, O., and Kvarnemo, C. (2003), "Sexually selected nest-building-Pomatoschistus minutus males build smaller nest-openings in the presence of sneaker males," *Journal of evolutionary biology*, 16 (5),896-902.

[5] Kanoh, Y. (1996), "Pre-oviposition ejaculation in externally fertilizing fish: how sneaker male rose bitterlings contrive to mate," *Ethology*, 102 (7), 883-899.

[6] Dakin, R., and Montgomerie, R. (2014), "Deceptive copulation calls attract female visitors to peacock leks," *The American Naturalist*, 183 (4),558-564.

[7] Dalziell, A. H., Maisey, A. C., Magrath, R. D., and Welbergen, J. A. (2021), "Male lyrebirds create a complex acoustic

illusion of a mobbing flock during courtship and copulation," *Current Biology*.

[8] Zahavi, A. (1975), "Mate selection—a selection for a handicap," *Journal of theoretical Biology*, 53 (1), 205-214.

[9] Maynard Smith, J. Harper D Animal signals. 2003 Oxford. UK: Oxford University Press.

[10] Hamilton, W. D., and Zuk, M. (1982), "Heritable true fitness and bright birds: a role for parasites?," *Science*, 218 (4570), 384-387.

[11] Milinski, M., and Bakker, T. C. (1990), "Female sticklebacks use male coloration in mate choice and hence avoid parasitized males," *Nature*, 344 (6264), 330-333.

[12] Griffith, S. C., Owens, I. P., and Burke, T. (1999), "Environmental determination of a sexually selected trait," *Nature*, 400 (6742), 358-360.

[13] Stowe, M. K., Tumlinson, J. H., and Heath, R. R. (1987), "Chemical mimicry: bolas spiders emit components of moth prey species sex pheromones," *Science*, 236 (4804), 964-967.

[14] Eberhard, M. J. W. (1975), "The evolution of social behavior by kin selection," *The Quarterly Review of Biology*, 50 (1), 1-33.

[15] Pizzari, T. (2003), "Food, vigilance, and sperm: the role of male direct benefits in the evolution of female preference in a polygamous bird," *Behavioral Ecology*, 14 (5), 593-601.

[16] Wilson, D. R., Bayly, K. L., Nelson, X. J., Gillings, M., and Evans, C. S. (2008), "Alarm calling best predicts mating and reproductive success in ornamented male fowl, Gallus gallus," *Animal Behaviour*, 76 (3), 543-554.

[17] Giovanni, G. P., Albo, M. J., Cristina, T., and Trine, B. (2015), "Evolution of deceit by worthless donations in a nuptial gift-giving spider," *Current Zoology*, (1), 1.

[18] Knapp, R. A., and Sargent, R. C. (1989), "Egg-mimicry as a mating strategy in the fantail darter, Etheostoma flabellare: females prefer males with eggs," *Behavioral Ecology and Sociobiology*, 25 (5), 321-326.

[19] Largiadèr, C. R., Fries, V., and Bakker, T. C. (2001), "Genetic analysis of sneaking and egg-thievery in a natural population of the three-spined stickleback (Gasterosteus aculeatus L.)," *Heredity*, 86 (4), 459-468.

[20] Dawkins, M. S., and Guilford, T. (1991), "The corruption of honest signalling," *Animal Behaviour*, 41 (5), 865-873.

[21] Kessler, A., Halitschke, R., Diezel, C., and Baldwin, I. T. (2006), "Priming of plant defense responses in nature by airborne signaling between Artemisia tridentata and Nicotiana attenuata," *Oecologia*, 148 (2), 280-292.

[22] Barclay, R. M. (1982), "Interindividual use of echolocation calls: eavesdropping by bats," *Behavioral Ecology and Sociobiology*, 10 (4), 271-275.

[23] Halfwerk, W., Jones, P. L., Taylor, R. C., Ryan, M. J., and Page, R. A. (2014), "Risky ripples allow bats and frogs to eavesdrop on a multisensory sexual display," *Science*, 343 (6169), 413-416.

[24] Dugatkin, L. A. (1992), "Sexual selection and imitation: females copy the mate choice of others," *The American Naturalist*, 139 (6), 1384-1389.

[25] Dugatkin, L. A., and Godin, J.-G. J. (1992), "Reversal of female mate choice by copying in the guppy (Poecilia reticulata)," *Proceedings of the Royal Society of London. Series B: Biological Sciences*, 249 (1325), 179-184.

[26] --- (1993), "Female mate copying in the guppy (Poecilia reticulata): age- dependent effects," *Behavioral Ecology*, 4 (4), 289-292.

[27] Pfefferle, D., Brauch, K., Heistermann, M., Hodges, J. K., and Fischer, J. (2008), "Female Barbary macaque (Macaca sylvanus) copulation calls do not reveal the fertile phase but influence mating outcome," *Proceedings of the Royal Society B: Biological Sciences*, 275 (1634), 571-578.

[28] Pfefferle, D., Heistermann, M., Hodges, J. K., and Fischer, J. (2008), "Male Barbary macaques eavesdrop on mating outcome: a playback study," *Animal Behaviour*, 75 (6), 1885-1891.

[29] Semple, S. (1998), "The function of Barbary macaque copulation calls," *Proceedings of the Royal Society of London. Series B: Biological Sciences*, 265 (1393), 287-291.

[30] Pizzari, T., Cornwallis, C. K., Løvlie, H., Jakobsson, S., and Birkhead, T. R. (2003), "Sophisticated sperm allocation in male fowl," *Nature*, 426 (6962), 70-74.

[31] Aquiloni, L., Buřič, M., and Gherardi, F. (2008), "Crayfish females eavesdrop on fighting males before choosing the dominant mate," *Current Biology*, 18 (11), R462-R463.

[32] McGregor, P., and Doutrelant, C. (2000), "Eavesdropping and mate choice in female fighting fish," *Behaviour*, 137 (12), 1655-1668.

[33] Otter, K., McGregor, P. K., Terry, A. M. R., Burford, F. R., Peake, T. M., and Dabelsteen, T. (1999), "Do female great tits (Parus major) assess males by eavesdropping? A field study using interactive song playback," *Proceedings of the Royal Society of London. Series B: Biological Sciences*, 266 (1426), 1305-1309.

[34] Plath, M., Blum, D., Schlupp, I., and Tiedemann, R. (2008), "Audience effect alters mating preferences in a livebearing fish, the Atlantic molly, Poecilia mexicana," *Animal Behaviour*, 75 (1), 21-29.

[35] Ziege, M., Mahlow, K., Hennige-Schulz, C., Kronmarck, C., Tiedemann, R., Streit, B., and Plath, M. (2009), "Audience effects in the Atlantic molly (Poecilia mexicana)–prudent male mate choice in response to perceived sperm competition risk?," *Frontiers in zoology*, 6 (1), 17.

[36] Bierbach, D., Sommer-Trembo, C., Hanisch, J., Wolf, M., and Plath, M. (2015), "Personality affects mate choice: bolder males show stronger audience effects under high competition," *Behavioral Ecology*, 26 (5), 1314-1325.

[37] Domm, L., and Davis, D. E. (1948), "The sexual behavior of intersexual domestic fowl," *Physiological Zoology*, 21 (1), 14-31.

[38] Schjelderup-Ebbe, T. (1922), "Beiträge zur sozialpsychologie des haushuhns," *Zeitschrift für Psychologie und Physiologie der Sinnesorgane. Abt. 1. Zeitschrift für Psychologie.*

[39] Banks, E. M., Wood-Gush, D. G., Hughes, B. O., and Mankovich, N. J. (1979), "Social rank and priority of access to resources in domestic fowl," *Behavioural processes*, 4 (3), 197-209.

[40] Foster, W., and Treherne, J. (1981), "Evidence for the dilution effect in the selfish herd from fish predation on a marine insect," *Nature*, 293 (5832), 466-467.

[41] Le Boeuf, B. J. (1974), "Male-male competition and reproductive success in elephant seals," *American Zoologist*, 14 (1), 163-176.

[42] Dewsbury, D. A. (1990), "Fathers and sons: genetic factors and social dominance in deer mice, Peromyscus maniculatus," *Animal Behaviour*, 39 (2), 284-289.

[43] Moore, A. J. (1990), "The inheritance of social dominance, mating behaviour and attractiveness to mates in male Nauphoeta cinerea," *Animal Behaviour*, 39 (2), 388-397.

[44] Barrette, C. (1993), "The 'inheritance of dominance', or of an aptitude to dominate?," *Animal Behaviour*, 46 (3), 591-593.

[45] Edward, D. A., and Chapman, T. (2011), "The evolution and significance of male mate choice," *Trends in Ecology & Evolution*, 26 (12), 647-654.

[46] Hamermesh, D. S. (2011), *Beauty pays*: Princeton University Press.

[47] Grammer, K., and Thornhill, R. (1994), "Human (Homo sapiens) facial attractiveness and sexual selection: the role of

symmetry and averageness," *Journal of comparative psychology*, 108 (3), 233.

[48] Thornhill, R., and Gangestad, S. W. (1993), "Human facial beauty," *Human nature*, 4 (3), 237-269.

[49] --- (1999), "The scent of symmetry: A human sex pheromone that signals fitness?," *Evolution and human behavior*, 20 (3), 175-201.

[50] Prokosch, M. D., Yeo, R. A., and Miller, G. F. (2005), "Intelligence tests with higher g-loadings show higher correlations with body symmetry: Evidence for a general fitness factor mediated by developmental stability," *Intelligence*, 33 (2), 203-213.

[51] Beach, F. A., and Jordan, L. (1956), "Sexual exhaustion and recovery in the male rat," *Quarterly Journal of Experimental Psychology*, 8 (3), 121-133.

[52] Fisher, A. E. (1962), "Effects of stimulus variation on sexual satiation in the male rat," *Journal of Comparative and Physiological Psychology*, 55 (4), 614.

[53] Symons, D. (1980), "Precis of The evolution of human sexuality," *Behavioral and Brain Sciences*, 3 (2), 171-181.

[54] Hrdy, S. B. 1979. The evolution of human sexuality: The latest word and the last. Stony Brook Foundation, Inc.

[55] Dewsbury, D. A. (1982), "Ejaculate cost and male choice," *The American Naturalist*, 119 (5), 601-610.

[56] Dewsbury, D. A. (1981), "Effects of novelty of copulatory behavior: The Coolidge effect and related phenomena," *Psychological Bulletin*, 89 (3), 464.

[57] --- (1971), "Copulatory behaviour of old-field mice (Peromyscus polionotus subgriseus)," *Animal Behaviour*, 19 (1), 192-204.

[58] Bateman, P. W. (1998), "Mate preference for novel partners in the cricket Gryllus bimaculatus," *Ecological Entomology*,

23 (4), 473-475.

[59] Gershman, S. N., and Sakaluk, S. K. (2009), "No Coolidge effect in decorated crickets," *Ethology*, 115 (8), 774-780.

[60] Parker, G. A. (1970), "Sperm competition and its evolutionary consequences in the insects," *Biological Reviews*, 45 (4),525-567.

[61] Austad, S. N. (1982), "First Male Sperm Priority in the Bowl and Doily Spider, Frontinella pyramitela (Walckenaer)," *Evolution*, 36 (4), 777-785.

[62] Suter, R. B. (1990), "Courtship and the assessment of virginity by male bowl and doily spiders," *Animal Behaviour*, 39 (2), 0-313.

[63] WALL, R. (1988), "Analysis of the mating activity of male tsetse flies Glossina m. morsitans and G. pallidipes in the laboratory," *Physiological entomology*, 13 (1), 103-110.

[64] Eberhard, W. (1996), *Female control: sexual selection by cryptic female choice* (Vol. 69): Princeton University Press.

[65] Price, C. S., Dyer, K. A., and Coyne, J. A. (1999), "Sperm competition between Drosophila males involves both displacement and incapacitation," *Nature*, 400 (6743), 449-452.

[66] Kilgallon, S. J., and Simmons, L. W. (2005), "Image content influences men's semen quality," *Biology Letters*, 1 (3), 253-255.

[67] Zbinden, M., Largiader, C. R., and Bakker, T. C. (2004), "Body size of virtual rivals affects ejaculate size in sticklebacks," *Behavioral Ecology*, 15 (1), 137-140.

[68] Birkhead, T., Fletcher, F., Pellatt, E., and Staples, A. (1995), "Ejaculate quality and the success of extra-pair copulations in the zebra finch," *Nature*, 377 (6548), 422-423.

[69] Baker, R. R., and Bellis, M. A. (1993), "Human sperm competition: Ejaculate adjustment by males and the function of masturbation," *Animal Behaviour*, 46 (5), 861-885.

[70] Barazandeh, M., Davis, C. S., Neufeld, C. J., Coltman, D. W., and Palmer, A. R. (2013), "Something Darwin didn't know about barnacles: spermcast mating in a common stalked species," *Proceedings of the Royal Society B: Biological Sciences*, 280 (1754), 20122919.

[71] Marquet, N., Hubbard, P. C., da Silva, J. P., Afonso, J., and Canário, A. V. (2018), "Chemicals released by male sea cucumber mediate aggregation and spawning behaviours," *Scientific reports*, 8 (1), 1-13.

[72] Norman, M., and Reid, A. (2000), *Guide to squid, cuttlefish and octopuses of Australasia*: CSIRO publishing.

[73] Battaglia, P., Stipa, M., Ammendolia, G., Pedà, C., Consoli, P., Andaloro, F., and Romeo, T. (2021), "When nature continues to surprise: observations of the hectocotylus of Argonauta argo, Linnaeus 1758," *The European Zoological Journal*, 88 (1), 980-986.

[74] Sekizawa, A., Seki, S., Tokuzato, M., Shiga, S., and Nakashima, Y. (2013), "Disposable penis and its replenishment in a simultaneous hermaphrodite," *Biology letters*, 9 (2), 20121150.

[75] Simmons, L. W., and Firman, R. C. (2014), "Experimental evidence for the evolution of the mammalian baculum by sexual selection," *Evolution*, 68 (1), 276-283.

[76] Gallup Jr, G. G., and Burch, R. L. (2004), "Semen displacement as a sperm competition strategy in humans," *Evolutionary Psychology*, 2 (1), 147470490400200105.

[77] Ramm, S. A. (2007), "Sexual selection and genital evolution in mammals: a phylogenetic analysis of baculum length," *The American Naturalist*, 169 (3), 360- 369.

[78] SMITH, and R., L. (1986), "An Evolutionary Question: Sexual Selection and Animal Genitalia," *Science*, 232 (4753),

1029-1029.

[79] Brennan, P. L., Clark, C. J., and Prum, R. O. (2010), "Explosive eversion and functional morphology of the duck penis supports sexual conflict in waterfowl genitalia," *Proceedings of the Royal Society B: Biological Sciences*, 277 (1686), 1309-1314.

[80] Brennan, P. L. (2016), "Evolution: one penis after all," *Current Biology*, 26 (1), R29-R31.

[81] Waterman, J. M. (2010), "The adaptive function of masturbation in a promiscuous African ground squirrel," *PloS one*, 5 (9), e13060.

[82] Thomsen, R. (2001), "Sperm competition and the function of masturbation in Japanese macaques (Macaca fuscata)," lmu.

[83] Pelé, M., Bonnefoy, A., Shimada, M., and Sueur, C. (2017), "Interspecies sexual behaviour between a male Japanese macaque and female sika deer," *Primates*, 58 (2), 275-278.

[84] Rohner, S., Hülskötter, K., Gross, S., Wohlsein, P., Abdulmawjood, A., Plötz, M., Verspohl, J., Haas, L., and Siebert, U. (2020), "Male grey seal commits fatal sexual interaction with adult female harbour seals in the German Wadden Sea," *Scientific reports*, 10 (1), 1-11.

[85] Levitas, E., Lunenfeld, E., Weiss, N., Friger, M., Har-Vardi, I., Koifman, A., and Potashnik, G. (2005), "Relationship between the duration of sexual abstinence and semen quality: analysis of 9,489 semen samples," *Fertility and sterility*, 83 (6), 1680-1686.

[86] Pellestor, F., Girardet, A., and Andreo, B. (1994), "Effect of long abstinence periods on human sperm quality," *International journal of fertility and menopausal studies*, 39 (5), 278-282.

[87] Lee, J., Cha, J., Shin, S., Cha, H., Kim, J., Park, C., Pak, K., Yoon, J., and Park, S. (2018), "Effect of the sexual abstinence period recommended by the World Health Organization on clinical outcomes of fresh embryo transfer cycles with normal

ovarian response after intracytoplasmic sperm injection," *Andrologia*, 50 (4), e12964.

[88] Agarwal, A., Gupta, S., Du Plessis, S., Sharma, R., Esteves, S. C., Cirenza, C., Eliwa, J., Al-Najjar, W., Kumaresan, D., and Haroun, N. (2016), "Abstinence time and its impact on basic and advanced semen parameters," *Urology*, 94, 102-110.

[89] Tan, M., Jones, G., Zhu, G., Ye, J., Hong, T., Zhou, S., Zhang, S., and Zhang, L. (2009), "Fellatio by fruit bats prolongs copulation time," *PLoS one*, 4 (10), e7595.

[90] Moore, R. (1985), "A comparison of electro-ejaculation with the artifical vagina for ram semen collection," *New Zealand veterinary journal*, 33 (3), 22-23.

[91] Alkan, S., Baran, A., ÖZDAŞ, Ö. B., and Evecen, M. (2002), "Morphological defects in turkey semen," *Turkish Journal of Veterinary and Animal Sciences*, 26 (5), 1087-1092.

[92] Podos, J., and Cohn-Haft, M. (2019), "Extremely loud mating songs at close range in white bellbirds," *Current Biology*, 29 (20), R1068-R1069.

[93] Rolstad, J., Rolstad, E., and Wegge, P. (2007), "Capercaillie Tetrao urogallus lek formation in young forest," *Wildlife Biology*, 13 (sp1), 59-67.

[94] Manamendra-Arachchi, K., de Silva, A., and Amarasinghe, T. (2006), "Description of a second species of Cophotis (Reptilia: Agamidae) from the highlands of Sri Lanka," *Lyriocephalus*, 6 (Supplement 1), 1-8.

[95] Darwin, C. (1871), *The descent of man, and selection in relation to sex*: Princeton University Press.

[96] Zuk, M., Thornhill, R., Ligon, J. D., and Johnson, K. (1990), "Parasites and mate choice in red jungle fowl," *American Zoologist*, 30 (2), 235-244.

[97] Dass, S. A. H., Vasudevan, A., Dutta, D., Soh, L. J. T., Sapolsky, R. M., and Vyas, A. (2011), "Protozoan parasite Toxoplasma gondii manipulates mate choice in rats by enhancing attractiveness of males," *PLoS one*, 6 (11), e27229.

[98] Lim, A., Kumar, V., Hari Dass, S. A., and Vyas, A. (2013), "Toxoplasma gondii infection enhances testicular steroidogenesis in rats," *Molecular ecology*, 22 (1), 102-110.

[99] Hughes, D. P., Brodeur, J., and Thomas, F. (2012), *Host manipulation by parasites*: Oxford University Press.

[100] Berdoy, M., Webster, J. P., and Macdonald, D. W. (2000), "Fatal attraction in rats infected with Toxoplasma gondii," *Proceedings of the Royal Society of London. Series B: Biological Sciences*, 267 (1452), 1591-1594.

[101] Flegr, J. (2013), "How and why Toxoplasma makes us crazy," *Trends in parasitology*, 29 (4), 156-163.

[102] Worth, A. R., Lymbery, A. J., and Thompson, R. A. (2013), "Adaptive host manipulation by Toxoplasma gondii: fact or fiction?," *Trends in parasitology*, 29 (4), 150-155.

[103] Hodková, H., Kolbeková, P., Skallová, A., Lindová, J., and Flegr, J. (2007), "Higher perceived dominance in Toxoplasma infected men--a new evidence for role of increased level of testosterone in toxoplasmosis-associated changes in human behavior," *Neuroendocrinology Letters*, 28 (2), 110-114.

[104] Flegr, J., HRŬSKOVÁ, M., Hodný, Z., Novotna, M., and Hanušová, J. (2005), "Body height, body mass index, waist-hip ratio, fluctuating asymmetry and second to fourth digit ratio in subjects with latent toxoplasmosis," *Parasitology*, 130 (6), 621-628.

[105] McCracken, K. G., Wilson, R. E., McCracken, P. J., and Johnson, K. P. (2001), "Are ducks impressed by drakes' display?," *Nature*, 413 (6852), 128-128.

[106] Briskie, J. V., and Montgomerie, R. (1997), "Sexual selection and the intromittent organ of birds," *Journal of Avian Biology*, 73-86.

[107] Brennan, P. L., Gereg, I., Goodman, M., Feng, D., and Prum, R. O. (2017), "Evidence of phenotypic plasticity of penis morphology and delayed reproductive maturation in response to male competition in waterfowl," *The Auk: Ornithological Advances*, 134 (4), 882-893.

[108] Coker, C. R., McKinney, F., Hays, H., Briggs, S. V., and Cheng, K. M. (2002), "Intromittent organ morphology and testis size in relation to mating system in waterfowl," *The Auk*, 119 (2), 403-413.

[109] Gasparini, C., Pilastro, A., and Evans, J. P. (2011), "Male genital morphology and its influence on female mating preferences and paternity success in guppies," *PloS one*, 6 (7), e22329.

[110] Fairbairn, D. J. (1997), "Allometry for sexual size dimorphism: pattern and process in the coevolution of body size in males and females," *Annual review of ecology and systematics*, 28 (1), 659-687.

[111] Rensch, B. (1950), "Die Abhängigkeit der relativen Sexualdifferenz von der Körpergrösse," *Bonner Zoologische Beiträge*, 1, 58-69.

[112] Abouheif, E., and Fairbairn, D. J. (1997), "A comparative analysis of allometry for sexual size dimorphism: assessing Rensch's rule," *The American Naturalist*, 149 (3), 540-562.

[113] Blanckenhorn, W. U. (2000), "The evolution of body size: what keeps organisms small?," *The Quarterly Review of Biology*, 75 (4), 385-407.

[114] Han, C. S., and Jablonski, P. G. (2010), "Male water striders attract predators to intimidate females into copulation," *Nature communications*, 1 (1), 1-6.

[115] Gilbert, L. E. (1976), "Postmating female odor in Heliconius butterflies: a male-contributed antiaphrodisiac?," *Science*, 193 (4251), 419-420.

[116] Gwynne, D. T. (2008), "Sexual conflict over nuptial gifts in insects," *Annu. Rev. Entomol.*, 53, 83-101.

[117] Johns, J. L., Roberts, J. A., Clark, D. L., and Uetz, G. W. (2009), “Love bites: male fang use during coercive mating in wolf spiders,” *Behavioral Ecology and Sociobiology*, 64 (1), 13.

[118] Golubović, A., Arsovski, D., Tomović, L., and Bonnet, X. (2018), “Is sexual brutality maladaptive under high population density?,” *Biological Journal of the Linnean Society*, 124 (3), 394-402.

[119] Kruczek, M., and Styrna, J. (2009), “Semen quantity and quality correlate with bank vole males’ social status,” *Behavioural processes*, 82 (3), 279-285.

[120] Neff, B. D., Fu, P., and Gross, M. R. (2003), “Sperm investment and alternative mating tactics in bluegill sunfish (Lepomis macrochirus),” *Behavioral Ecology*, 14 (5), 634-641.

[121] Fleming, I. A. (1996), “Reproductive strategies of Atlantic salmon: ecology and evolution,” *Reviews in Fish Biology and Fisheries*, 6 (4), 379-416.

[122] Gage, M. J., Stockley, P., and Parker, G. A. (1995), “Effects of alternative male mating strategies on characteristics of sperm production in the Atlantic salmon (Salmo salar): theoretical and empirical investigations,” *Philosophical Transactions of the Royal Society of London. Series B: Biological Sciences*, 350 (1334), 391-399.

[123] Candolin, U. (1998), “Reproduction under predation risk and the trade-off between current and future reproduction in the threespine stickleback,” *Proceedings of the Royal Society of London. Series B: Biological Sciences*, 265 (1402), 1171-1175.

[124] Emlen, D. J. (2008), “The roles of genes and the environment in the expression and evolution of alternative tactics,” *Alternative reproductive tactics: An integrative approach*, 85, 108.

[125] Lank, D. B., Smith, C. M., Hanotte, O., Burke, T., and Cooke, F. (1995), “Genetic polymorphism for alternative mating behaviour in lekking male ruff Philomachus pugnax,” *Nature*, 378 (6552), 59-62.

[126] Keenleyside, M. H. (1972), "Intraspecific intrusions into nests of spawning longear sunfish (Pisces: Centrarchidae)," *Copeia*, 272-278.

[127] Taborsky, M., Oliveira, R., and Brockmann, H. J. (2008), "The evolution of alternative reproductive tactics: concepts and questions," *Alternative reproductive tactics: An integrative approach*, 1, 21.

[128] De Waal, F., and Waal, F. B. (2007), *Chimpanzee politics: Power and sex among apes*: JHU Press.

[129] Kidd, S. A., Eskenazi, B., and Wyrobek, A. J. (2001), "Effects of male age on semen quality and fertility: a review of the literature," *Fertility and sterility*, 75 (2), 237-248.

[130] Preston, B. T., Saint Jalme, M., Hingrat, Y., Lacroix, F., and Sorci, G. (2015), "The sperm of aging male bustards retards their offspring's development," *Nature communications*, 6 (1), 1-9.

[131] Smith, J. S., and Robinson, N. J. (2002), "Age-specific prevalence of infection with herpes simplex virus types 2 and 1: a global review," *The Journal of infectious diseases*, 186 (Supplement_1), S3-S28.

[132] Beck, C. W., and Promislow, D. E. (2007), "Evolution of female preference for younger males," *PloS one*, 2 (9), e939.

[133] Beck, C., and Powell, L. A. (2000), "Evolution of female mate choice based on male age: are older males bettermates?."

[134] Sprague, D. S. (1998), "Age, dominance rank, natal status, and tenure among male macaques," *American Journal of Physical Anthropology: The Official Publication of the American Association of Physical Anthropologists*, 105 (4), 511-521.

[135] Nakagawa, S., Schroeder, J., and Burke, T. (2015), "Sugar-free extrapair mating: a comment on Arct et al," *Behavioral Ecology*, 26 (4), 971-972.

[136] Kaufman, K. D., Olsen, E. A., Whiting, D., Savin, R., DeVillez, R., Bergfeld, W., Price, V. H., Van Neste, D., Roberts, J.

L., and Hordinsky, M. (1998), "Finasteride in the treatment of men with androgenetic alopecia," *Journal of the American Academy of Dermatology*, 39 (4), 578-589.

[137] Tu, H. Y. V., and Zini, A. (2011), "Finasteride-induced secondary infertility associated with sperm DNA damage," *Fertility and sterility*, 95 (6), 2125. e2113- 2125. e2114.

[138] Irwig, M. S., and Kolukula, S. (2011), "Persistent sexual side effects of finasteride for male pattern hair loss," *The journal of sexual medicine*, 8 (6), 1747-1753.

[139] Turek, P. J., Williams, R. H., Gilbaugh, J. H. I., and Lipshultz, L. I. (1995), "The reversibility of anabolic steroid-induced azoospermia," *The Journal of urology*, 153 (5), 1628-1630.

[140] Schürmeyer, T., Belkien, L., Knuth, U., and Nieschlag, E. (1984), "Reversible azoospermia induced by the anabolic steroid 19-nortestosterone," *The lancet*, 323 (8374), 417-420.

[141] Knuth, U. A., Maniera, H., and Nieschlag, E. (1989), "Anabolic steroids and semen parameters in bodybuilders," *Fertility and sterility*, 52 (6), 1041-1047.

[142] Nieschlag, E., and Vorona, E. (2015), "Medical consequences of doping with anabolic androgenic steroids: effects on reproductive functions," *Eur J Endocrinol*, 173 (2), 47.

[143] Lee, H. J., Ha, S. J., Kim, D., Kim, H. O., and Kim, J. W. (2002), "Perception of men with androgenetic alopecia by women and nonbalding men in Korea: how the nonbald regard the bald," *International journal of dermatology*, 41 (12), 867-869.

[144] West, P. M., and Packer, C. (2002), "Sexual selection, temperature, and the lion's mane," *Science*, 297 (5585), 1339-1343.

[145] Franzoi, S. L., and Shields, S. A. (1984), "The Body Esteem Scale: Multidimensional structure and sex differences in a college population," *Journal of personality assessment*, 48 (2), 173-178.

[146] Crossley, K. L., Cornelissen, P. L., and Tovée, M. J. (2012), "What is an attractive body? Using an interactive 3D program to create the ideal body for you and your partner," *PloS one*, 7 (11), e50601.

[147] Dixson, A. F., Halliwell, G., East, R., Wignarajah, P., and Anderson, M. J. (2003), "Masculine somatotype and hirsuteness as determinants of sexual attractiveness to women," *Archives of sexual behavior*, 32 (1),29-39.

[148] Leit, R. A., Gray, J. J., and Pope Jr, H. G. (2002), "The media' s representation of the ideal male body: A cause for muscle dysmorphia?," *International Journal of Eating Disorders*, 31 (3), 334-338.

[149] Horwitz, H., Dalhoff, K., and Andersen, J. (2019), "The Mossman–Pacey Paradox," *Journal of internal medicine*, 286 (2), 233-234.

[150] Simmons, L. W. (2012), "Resource allocation trade-off between sperm quality and immunity in the field cricket, Teleogryllus oceanicus," *Behavioral Ecology*, 23 (1), 168-173.

[151] Robinson, B., and Doyle, R. (1985), "Trade-off between male reproduction (amplexus) and growth in the amphipod Gammarus lawrencianus," *The Biological Bulletin*, 168 (3), 482-488.

[152] Mole, S., and Zera, A. J. (1993), "Differential allocation of resources underlies the dispersal-reproduction trade-off in the wing-dimorphic cricket, Gryllus rubens," *Oecologia*, 93 (1), 121-127.

[153] Evans, J. P. (2010), "Quantitative genetic evidence that males trade attractiveness for ejaculate quality in guppies," *Proceedings of the Royal Society B: Biological Sciences*, 277 (1697), 3195-3201.

[154] Fisher, D. O., Dickman, C. R., Jones, M. E., and Blomberg, S. P. (2013), "Sperm competition drives the evolution of suicidal reproduction in mammals," *Proceedings of the National Academy of Sciences*, 110 (44), 17910-17914.

[155] Partridge, L., Gems, D., and Withers, D. J. (2005), "Sex and death: what is the connection?," *Cell*, 120 (4), 461-472.

[156] Maklakov, A. A., and Immler, S. (2016), "The Expensive Germline and the Evolution of Ageing," *Current Biology*, 26 (13), R577-R586.

[157] Arantes-Oliveira, N., Apfeld, J., Dillin, A., and Kenyon, C. (2002), "Regulation of life-span by germ-line stem cells in Caenorhabditis elegans," *Science*, 295 (5554), 502-505.

[158] Barnes, A. I., Boone, J. M., Jacobson, J., Partridge, L., and Chapman, T. (2006), "No extension of lifespan by ablation of germ line in Drosophila," *Proceedings of the Royal Society B: Biological Sciences*, 273 (1589), 939-947.

[159] Benedusi, V., Martini, E., Kallikourdis, M., Villa, A., Meda, C., and Maggi, A. (2015), "Ovariectomy shortens the life span of female mice," *Oncotarget*, 6 (13), 10801.

[160] Martin-Montalvo, A., Mercken, E. M., Mitchell, S. J., Palacios, H. H., Mote, P. L., Scheibye-Knudsen, M., Gomes, A. P., Ward, T. M., Minor, R. K., and Blouin, M.-J. (2013), "Metformin improves healthspan and lifespan in mice," *Nature communications*, 4 (1), 1-9.

[161] Tartarin, P., Moison, D., Guibert, E., Dupont, J., Habert, R., Rouiller-Fabre, V., Frydman, N., Pozzi, S., Frydman, R., and Lécureuil, C. (2012), "Metformin exposure affects human and mouse fetal testicular cells," *Human reproduction*, 27 (11), 3304-3314.

[162] Michiels, N. K., and Newman, L. (1998), "Sex and violence in hermaphrodites," *Nature*, 391 (6668), 647-647.

[163] Koene, J. M., and Chase, R. (1998), "Changes in the reproductive system of the snail Helix aspersa caused by mucus from the love dart," *Journal of Experimental Biology*, 201 (15), 2313-2319.

[164] Robertson, D. R. (1972), "Social control of sex reversal in a coral-reef fish," *Science*, 177 (4053), 1007-1009.

[165] Bellofiore, N., Ellery, S. J., Mamrot, J., Walker, D. W., Temple-Smith, P., and Dickinson, H. (2017), "First evidence of a menstruating rodent: the spiny mouse (Acomys cahirinus)," *American journal of obstetrics and gynecology*, 216 (1), 40.

e41-40. e11.

[166] Strassmann, B. I. (1996), "Energy economy in the evolution of menstruation," *Evolutionary Anthropology: Issues, News, and Reviews: Issues, News, and Reviews*, 5 (5), 157-164.

[167] Bhardwaj, J., and Saraf, P. (2014), "Influence of toxic chemicals on female reproduction: a review," *Cell Biol: Res Ther 3*, 1, 2.

[168] Cervello, I., and Simon, C. (2009) , "Somatic stem cells in the endometrium," *Reproductive Sciences*, 16 (2), 200-205.

[169] Profet, M. (1993), "Menstruation as a defense against pathogens transported by sperm," *The Quarterly Review of Biology*, 68 (3), 335-386.

[170] Macklon, N. S., and Brosens, J. J. (2014), "The human endometrium as a sensor of embryo quality," *Biology of reproduction*, 91 (4), 98, 91-98.

[171] Alvergne, A., and Tabor, V. H. (2018), "Is female health cyclical? Evolutionary perspectives on menstruation," *Trends in Ecology & Evolution*, 33 (6), 399-414.

[172] Thornhill, R. (1983), "Cryptic female choice and its implications in the scorpionfly Harpobittacus nigriceps," *The American Naturalist*, 122 (6), 765-788.

[173] Lüpold, S., Manier, M. K., Puniamoorthy, N., Schoff, C., Starmer, W. T., Luepold, S. H. B., Belote, J. M., and Pitnick, S. (2016), "How sexual selection can drive the evolution of costly sperm ornamentation," *Nature*, 533 (7604), 535- 538.

[174] Firman, R. C., Gasparini, C., Manier, M. K., and Pizzari, T. (2017), "Postmating female control: 20 years of cryptic female choice," *Trends in Ecology & Evolution*, 32 (5), 368-382.

[175] Pilastro, A., Mandelli, M., Gasparini, C., Dadda, M., and Bisazza, A. (2007), "Copulation duration, insemination efficien-

cy and male attractiveness in guppies," *Animal Behaviour*, 74 (2), 321-328.

[176] Puts, D. A., and Dawood, K. (2006), "The evolution of female orgasm: Adaptation or byproduct?," *Twin Research and Human Genetics*, 9 (3), 467-472.

[177] Pavličev, M., and Wagner, G. (2016), "The evolutionary origin of female orgasm," *Journal of Experimental Zoology Part B: Molecular and Developmental Evolution*, 326 (6), 326-337.

[178] Lloyd, E. A. (2009), *The case of the female orgasm: Bias in the science of evolution*: Harvard University Press.

[179] Alonzo, S. H., Stiver, K. A., and Marsh-Rollo, S. E. (2016), "Ovarian fluid allows directional cryptic female choice despite external fertilization," *Nature communications*, 7, 12452.

[180] Inceoglu, B., Lango, J., Jing, J., Chen, L., Doymaz, F., Pessah, I. N., and Hammock, B. D. (2003), "One scorpion, two venoms: prevenom of Parabuthus transvaalicus acts as an alternative type of venom with distinct mechanism of action," *Proceedings of the National Academy of Sciences*, 100 (3), 922-927.

[181] Løvlie, H., Zidar, J., and Berneheim, C. (2014), "A cry for help: female distress calling during copulation is context dependent," *Animal Behaviour*, 92, 151-157.

[182] Miller, G. T., and Pitnick, S. (2002), "Sperm-female coevolution in Drosophila," *Science*, 298 (5596), 1230-1233.

[183] Wulff, N. C., Van De Kamp, T., dos Santos Rolo, T., Baumbach, T., and Lehmann, G. U. (2017), "Copulatory courtship by internal genitalia in bushcrickets," *Scientific reports*, 7, 42345.

[184] Orr, T. J., and Zuk, M. (2014), "Reproductive delays in mammals: an unexplored avenue for post-copulatory sexual selection," *Biological Reviews*, 89 (4), 889-912.

[185] Berger, J. (1983), "Induced abortion and social factors in wild horses," *Nature*, 303 (5912), 59-61.

[186] Crawford, C., and Galdikas, B. M. (1986), "Rape in non-human animals: An evolutionary perspective," *Canadian Psychology/Psychologie canadienne*, 27 (3), 215.

[187] Ben-David, M., Titus, K., and Beier, L. R. (2004), "Consumption of salmon by Alaskan brown bears: a trade-off between nutritional requirements and the risk of infanticide?," *Oecologia*, 138 (3), 465-474.

[188] Croft, D. P., Morrell, L. J., Wade, A. S., Piyapong, C., Ioannou, C. C., Dyer, J. R., Chapman, B. B., Wong, Y., and Krause, J. (2006), "Predation risk as a driving force for sexual segregation: a cross-population comparison," *The American Naturalist*, 167 (6), 867-878.

[189] Cagnacci, A., Maxia, N., and Volpe, A. (1999), "Diurnal variation of semen quality in human males," *Human reproduction*, 14 (1), 106-109.

[190] Xie, M., Utzinger, K. S., Blickenstorfer, K., and Leeners, B. (2018), "Diurnal and seasonal changes in semen quality of men in subfertile partnerships," *Chronobiology international*, 35 (10), 1375-1384.

[191] Hjollund, N. H. I., Bonde, J. P. E., Jensen, T. K., Olsen, J., and Team, D. F. P. P. S. (2000), "Diurnal scrotal skin temperature and semen quality," *International journal of andrology*, 23 (5), 309-318.

[192] Guler, A., Aydin, A., Selvi, Y., and Dalbudak, T. (2013), "Is time of childbirth affected by chronotype of the mother?," *Biological Rhythm Research*, 44 (5), 844-848.

[193] Lake, P., and Wood-Gush, D. (1956), "Diurnal rhythms in semen yields and mating behaviour in the domestic cock," *Nature*, 178 (4538), 853-853.

[194] Løvlie, H., and Pizzari, T. (2007), "Sex in the morning or in the evening? Females adjust daily mating patterns to the intensity of sexual harassment," *The American Naturalist*, 170 (1), E1-E13.

[195] Lewis, R. J. (2018), "Female power in primates and the phenomenon of female dominance," *Annual review of*

anthropology, 47, 533-551.

[196] --- (2002), "Beyond dominance: the importance of leverage," *The Quarterly Review of Biology*, 77 (2), 149-164.

[197] Glickman, S. E., Frank, L. G., Davidson, J. M., Smith, E. R., and Siiteri, P. (1987), "Androstenedione may organize or activate sex-reversed traits in female spotted hyenas," *Proceedings of the National Academy of Sciences*, 84 (10), 3444-3447.

[198] East, M. L., Hofer, H., and Wickler, W. (1993), "The erect 'penis' is a flag of submission in a female-dominated society: greetings in Serengeti spotted hyenas," *Behavioral Ecology and Sociobiology*, 33 (6), 355-370.

[199] De Waal, F. B. (1995), "Bonobo sex and society," *Scientific american*, 272 (3), 82-88.

[200] Gerloff, U., Hartung, B., Fruth, B., Hohmann, G., and Tautz, D. (1999), "Intracommunity relationships, dispersal pattern and paternity success in a wild living community of Bonobos (Pan paniscus) determined from DNA analysis of faecal samples," *Proceedings of the Royal Society of London. Series B: Biological Sciences*, 266 (1424), 1189-1195.

[201] Burton, R. (1976), *The mating game*.

[202] Fricke, H., and Fricke, S. (1977), "Monogamy and sex change by aggressive dominance in coral reef fish," *Nature*, 266 (5605), 830-832.

[203] Wcislo, W. T., and Danforth, B. N. (1997), "Secondarily solitary: the evolutionary loss of social behavior," *Trends in Ecology & Evolution*, 12 (12), 468-474.

[204] Cant, M. A., Nichols, H. J., Johnstone, R. A., and Hodge, S. J. (2014), "Policing of reproduction by hidden threats in a co-operative mammal," *Proceedings of the National Academy of Sciences*, 111 (1), 326-330.

[205] Sharpe, L. L., Rubow, J., and Cherry, M. I. (2016), "Robbing rivals: interference foraging competition reflects female re-

productive competition in a cooperative mammal," *Animal Behaviour*, 112, 229-236.

[206] Faulkes, C. G., and Bennett, N. C. (2001), "Family values: group dynamics and social control of reproduction in African mole-rats," *Trends in Ecology & Evolution*, 16 (4), 184-190.

[207] Cornwallis, C. K., Botero, C. A., Rubenstein, D. R., Downing, P. A., West, S. A., and Griffin, A. S. (2017), "Cooperation facilitates the colonization of harsh environments," *Nature ecology & evolution*, 1 (3),1-10.

[208] Grinsted, L., and Field, J. (2017), "Market forces influence helping behaviour in cooperatively breeding paper wasps," *Nature communications*, 8 (1), 1-8.

[209] Gage, M. J. (2005), "Evolution: sex and cannibalism in redback spiders," *Current Biology*, 15 (16), R630-R632.

[210] O'Hara, M. K., and Brown, W. D. (2021), "Sexual Cannibalism Increases Female Egg Production in the Chinese Praing Mantid (Tenodera sinensis)," *Journal of Insect Behavior*, 1-9.

[211] Hubbs, C. (1964), "Interactions between a bisexual fish species and its gynogenetic sexual parasite," 0082-3074, Texas Memorial Museum, The University of Texas at Austin.

[212] Janko, K., Eisner, J., and Mikulíček, P. (2019), "Sperm-dependent asexual hybrids determine competition among sexual species," *Scientific reports*, 9 (1), 1-14.

[213] Schlupp, I. (2005), "The evolutionary ecology of gynogenesis," *Annu. Rev. Ecol. Evol. Syst.*, 36, 399-417.

[214] Grosmaire, M., Launay, C., Siegwald, M., Félix, M.-A., Gouyon, P.-H., and Delattre, M. (2018), "Why would parthenogenetic females systematically produce males who never transmit their genes to females?," *bioRxiv*, 449710.

[215] Lavanchy, G., and Schwander, T. (2019), "Hybridogenesis," *Current Biology*, 29 (1), R9-R11.

[216] Shuker, D. M., and Simmons, L. W. (2014), *The evolution of insect mating systems*: Oxford University Press, USA.

[217] Leniaud, L., Darras, H., Boulay, R., and Aron, S. (2012), "Social hybridogenesis in the clonal ant Cataglyphis hispanica," *Current Biology*, 22 (13), 1188-1193.

[218] Schwander, T., and Oldroyd, B. P. (2016), "Androgenesis: where males hijack eggs to clone themselves," *Philosophical Transactions of the Royal Society B: Biological Sciences*, 371 (1706), 20150534.

[219] Pope, T. R. (1990), "The reproductive consequences of male cooperation in the red howler monkey: paternity exclusion in multi-male and single-male troops using genetic markers," *Behavioral Ecology and Sociobiology*, 27 (6), 439-446.

[220] Goldenberg, S. Z., Douglas-Hamilton, I., and Wittemyer, G. (2016), "Vertical transmission of social roles drives resilience to poaching in elephant networks," *Current Biology*, 26 (1), 75-79.

[221] Slotow, R., Van Dyk, G., Poole, J., Page, B., and Klocke, A. (2000), "Older bull elephants control young males," *Nature*, 408 (6811), 425-426.

[222] Evans, K. E., and Harris, S. (2008), "Adolescence in male African elephants, Loxodonta africana, and the importance of sociality," *Animal Behaviour*, 76 (3), 779-787.

[223] Stokke, S. (1999), "Sex differences in feeding-patch choice in a megaherbivore: elephants in Chobe National Park, Botswana," *Canadian Journal of Zoology*, 77 (11), 1723-1732.

[224] Geist, V., and PT, B. (1978), "Why deer shed antlers."

[225] Radespiel, U., Sarikaya, Z., Zimmermann, E., and Bruford, M. W. (2001), "Sociogenetic structure in a free-living nocturnal primate population: sex-specific differences in the grey mouse lemur (Microcebus murinus)," *Behavioral Ecology and Sociobiology*, 50 (6), 493-502.

[226] Packer, C., and Pusey, A. E. (1987), "The evolution of sex-biased dispersal in lions," *Behaviour*, 101 (4), 275-310.

[227] Sunquist, M., and Sunquist, F. (2017), Wild cats of the world: University of chicago press.

[228] Royle, N. J., Smiseth, P. T., and Kölliker, M. (2012), *The evolution of parental care*: Oxford University Press.

[229] Fernandez-Duque, E., Valeggia, C. R., and Mendoza, S. P. (2009), "The biology of paternal care in human and nonhuman primates," *Annual review of anthropology*, 38, 115-130.

[230] Bull, J. (1987), "Temperature-sensitive periods of sex determination in a lizard: Similarities with turtles and crocodilians," *Journal of Experimental Zoology*, 241 (1), 143-148.

[231] Janzen, F. J. (1994), "Vegetational cover predicts the sex ratio of hatchling turtles in natural nests," *Ecology*, 75 (6),1593-1599.

[232] Komdeur, J., Daan, S., Tinbergen, J., and Mateman, C. (1997), "Extreme adaptive modification in sex ratio of the Seychelles warbler's eggs," *Nature*, 385 (6616), 522-525.

[233] Waage, J. K., and Ming, N. S. (1984), "The reproductive strategy of a parasitic wasp: I. optimal progeny and sex allocation in Trichogramma evanescens," *The Journal of Animal Ecology*, 401-415.

[234] West, H. E., and Capellini, I. (2016), "Male care and life history traits in mammals," *Nature communications*, 7, 11854.

[235] Miettinen, M., and Kaitala, A. (2000), "Copulation is not a prerequisite to male reception of eggs in the golden egg bug Phyllomorpha laciniata (Coreidae; Heteroptera)," *Journal of Insect Behavior*, 13 (5), 731-740.

[236] Tallamy, D. W. (2001), "Evolution of exclusive paternal care in arthropods," *Annual review of entomology*, 46 (1), 139-165.

[237] Karels, T. J., and Boonstra, R. (2000), "Concurrent density dependence and independence in populations of arctic ground squirrels," *Nature*, 408 (6811), 460- 463.

[238] Albon, S., Clutton-Brock, T., and Guinness, F. (1987), "Early development and population dynamics in red deer. II. Density-independent effects and cohort variation," *The Journal of Animal Ecology*, 69-81.

[239] Roulin, A. (2002), "Why do lactating females nurse alien offspring? A review of hypotheses and empirical evidence," *Animal Behaviour*, 63 (2), 201- 208.

[240] Lank, D. B., Bousfield, M. A., Cooke, F., and Rockwell, R. F. (1991), "Why do snow geese adopt eggs?," *Behavioral Ecology*, 2 (2),181-187.

[241] Gorrell, J. C., McAdam, A. G., Coltman, D. W., Humphries, M. M., and Boutin, S. (2010), "Adopting kin enhances inclusive fitness in asocial red squirrels," *Nature communications*, 1 (1), 1-4.

[242] Gaston, A. J., Leah, N., and Noble, D. G. (1993), "Egg recognition and egg stealing in murres (Uria spp.)," *Animal Behaviour*, 45 (2), 301-306.

[243] Russell, A. F., Carlson, A. A., McIlrath, G. M., Jordan, N. R., and Clutton-Brock, T. (2004), "Adaptive size modification by dominant female meerkats," *Evolution*, 58 (7), 1600-1607.

[244] Clutton-Brock, T., PNM, B., Smith, R., McIlrath, G., Kansky, R., Gaynor, D., O'riain, M., and Skinner, J. (1998), "Infanticide and expulsion of females in a cooperative mammal," *Proceedings of the Royal Society of London. Series B: Biological Sciences*, 265 (1412), 2291-2295.

[245] Helfenstein, F., Tirard, C., Danchin, E., and Wagner, R. H. (2004), "Low frequency of extra-pair paternity and high frequency of adoption in black-legged kittiwakes," *The Condor*, 106 (1), 149-155.

[246] St Clair, C. C., Waas, J. R., St Clair, R. C., and Boag, P. T. (1995), "Unfit mothers? Maternal infanticide in royal penguins," *Animal Behaviour*, 50 (5), 1177-1185.

[247] Culot, L., Lledo-Ferrer, Y., Hoelscher, O., Lazo, F. J. M., Huynen, M.-C., and Heymann, E. W. (2011), "Reproductive

failure, possible maternal infanticide, and cannibalism in wild moustached tamarins, Saguinus mystax," *Primates*, 52 (2), 179-186.

[248] Vincent, A., Ahnesjö, I., Berglund, A., and Rosenqvist, G. (1992), "Pipefishes and seahorses: are they all sex role reversed?," *Trends in Ecology & Evolution*, 7 (7), 237-241.

[249] Berglund, A. (1993), "Risky sex: male pipefishes mate at random in the presence of a predator," *Animal Behaviour*, 46 (1), 169-175.

[250] Paczolt, K. A., and Jones, A. G. (2010), "Post-copulatory sexual selection and sexual conflict in the evolution of male pregnancy," *Nature*, 464 (7287), 401- 404.

[251] Hinde, C. A., Buchanan, K. L., and Kilner, R. M. (2009), "Prenatal environmental effects match offspring begging to parental provisioning," *Proceedings of the Royal Society B: Biological Sciences*, 276 (1668), 2787-2794.

[252] Jones, N. G. B., and da Costa, E. (1987), "A suggested adaptive value of toddler night waking: delaying the birth of the next sibling," *Ethology and Sociobiology*, 8 (2), 135-142.

[253] Haig, D. (2019), "A 9-month lag in the effects of contraception: a commentary on Vitzthum, Thornburg, and Spielvogel," *Sleep Health: Journal of the National Sleep Foundation*, 5 (3),219.

[254] Queller, D. C., and Strassmann, J. E. (2018), "Evolutionary conflict," *Annual Review of Ecology, Evolution, and Systematics*, 49, 73-93.

[255] Schrader, M., and Travis, J. (2009), "Do embryos influence maternal investment? Evaluating maternal-fetal coadaptation and the potential for parent-offspring conflict in a placental fish," *Evolution: International Journal of Organic Evolution*, 63 (11), 2805-2815.

[256] Paquet, M., and Smiseth, P. T. (2016), "Maternal effects as a mechanism for manipulating male care and resolving sexual

confiict over care," *Behavioral Ecology*, 27 (3), 685-694.

[257] Schneider, M. (2013), "Adolescence as a vulnerable period to alter rodent behavior," *Cell and tissue research*, 354 (1),99-106.

[258] Macrı, S., Adriani, W., Chiarotti, F., and Laviola, G. (2002), "Risk taking during exploration of a plus-maze is greater in adolescent than in juvenile or adult mice," *Animal Behaviour*, 64 (4), 541-546.

[259] Gardner, M., and Steinberg, L. (2005), "Peer influence on risk taking, risk preference, and risky decision making in adolescence and adulthood: an experimental study," *Developmental psychology*, 41 (4), 625.

[260] Steinberg, L., and Scott, E. S. (2003), "Less guilty by reason of adolescence: developmental immaturity, diminished responsibility, and the juvenile death penalty," *American psychologist*, 58 (12), 1009.

[261] Kuhnen, C. M., and Knutson, B. (2005), "The neural basis of financial risk taking," *Neuron*, 47 (5), 763-770.

[262] Heß, M., von Scheve, C., Schupp, J., Wagner, A., and Wagner, G. G. (2018), "Are political representatives more risk-loving than the electorate? Evidence from German federal and state parliaments," *Palgrave Communications*, 4 (1), 1-7.

[263] Philpot, R. M., and Wecker, L. (2008), "Dependence of adolescent novelty- seeking behavior on response phenotype and effects of apparatus scaling," *Behavioral Neuroscience*, 122 (4), 861.

[264] Spear, L. (2007), "The developing brain and adolescent-typical behavior patterns: An evolutionary approach."

[265] Liang, Z. S., Nguyen, T., Mattila, H. R., Rodriguez-Zas, S. L., Seeley, T. D., and Robinson, G. E. (2012), "Molecular determinants of scouting behavior in honey bees," *Science*, 335 (6073), 1225-1228.

[266] Jadhav,Kshitij S., Aurélien P. Bernheim, Léa Aeschlimann, Guylène Kirschmann, Isabelle Decosterd, Alexander F. Hoffman, Carl R. Lupica, and Benjamin Boutrel (2022), "Reversing anterior insular cortex neuronal hypoexcitability attenu-

ates compulsive behavior in adolescent rats," *Proceedings of the National Academy of Sciences*,119, no. 21: e2121247119.

[267] Rissman, E. F., Sheffield, S. D., Kretzmann, M. B., Fortune, J. E., and Johnston, R. E. (1984), "Chemical cues from families delay puberty in male California voles," *Biology of reproduction*, 31 (2), 324-331.

[268] Gubernick, D. J., and Nordby, J. C. (1992), "Parental influences on female puberty in the monogamous California mouse, Peromyscus californicus," *Animal Behaviour*, 44, 259-267.

[269] Chaudhuri, J., Bose, N., Tandonnet, S., Adams, S., Zuco, G., Kache, V., Parihar, M., Von Reuss, S. H., Schroeder, F. C., and Pires-daSilva, A. (2015), "Mating dynamics in a nematode with three sexes and its evolutionary implications," *Scientific reports*, 5, 17676.

[270] Weeks, S. C. (2012), "The role of androdioecy and gynodioecy in mediating evolutionary transitions between dioecy and hermaphroditism in the Animalia," *Evolution: International Journal of Organic Evolution*, 66 (12), 3670-3686.

[271] Wedekind, C., Strahm, D., and Schärer, L. (1998), "Evidence for strategic egg production in a hermaphroditic cestode," *Parasitology*, 117, 373-382.

[272] Stewart, D. T., Hoeh, W. R., Bauer, G., and Breton, S. (2013), "Mitochondrial genes, sex determination and hermaphroditism in freshwater mussels (Bivalvia: Unionoida)," in Evolutionary biology: exobiology and evolutionary mechanisms: Springer, pp. 245-255.

[273] Stewart, A. D., and Phillips, P. C. (2002), "Selection and maintenance of androdioecy in Caenorhabditis elegans," *Genetics*, 160 (3), 975-982.

[274] Nuutinen, V., and Butt, K. R. (1997), "The mating behaviour of the earthworm Lumbricus terrestris (Oligochaeta: Lumbricidae)," *Journal of Zoology*, 242 (4), 783-798.

[275] Lubinski, B., Davis, W., Taylor, D., and Turner, B. (1995), "Outcrossing in a natural population of a self-fertilizing her-

maphroditic fish," *Journal of Heredity*, 86 (6), 469-473.

[276] Chasnov, J. R., and Chow, K. L. (2002), "Why are there males in the hermaphroditic species Caenorhabditis elegans?," *Genetics*, 160 (3), 983-994.

[277] Chasnov, J. (2010), "The evolution from females to hermaphrodites results in a sexual conflict over mating in androdioecious nematode worms and clam shrimp," *Journal of evolutionary biology*, 23 (3), 539-556.

[278] Narita, S., Kageyama, D., Nomura, M., and Fukatsu, T. (2007), "Unexpected mechanism of symbiont-induced reversal of insect sex: feminizing Wolbachia continuously acts on the butterfly Eurema hecabe during larval development," *Applied and environmental microbiology*, 73 (13), 4332-4341.

[279] Jiggins, F. M., Hurst, G. D., and Majerus, M. E. (2000), "Sex-ratio-distorting Wolbachia causes sex-role reversal in its butterfly host," *Proceedings of the Royal Society of London. Series B: Biological Sciences*, 267 (1438), 69-73.

[280] Leclercq, S., Thézé, J., Chebbi, M. A., Giraud, I., Moumen, B., Ernenwein, L., Grève, P., Gilbert, C., and Cordaux, R. (2016), "Birth of a W sex chromosome by horizontal transfer of Wolbachia bacterial symbiont genome," *Proceedings of the National Academy of Sciences*, 113 (52), 15036-15041.

[281] Pitnick, S., Hosken, D. J., and Birkhead, T. R. (2009), "Sperm morphological diversity," in Sperm biology: Elsevier, pp. 69-149.

[282] Swallow, J. G., and Wilkinson, G. S. (2002), "The long and short of sperm polymorphisms in insects," *Biological Reviews*, 77 (2), 153-182.

[283] Shepherd, J. G., and Bonk, K. S. (2021), "Activation of parasperm and eusperm upon ejaculation in Lepidoptera," *Journal of insect physiology*, 130, 104201.

[284] Marks, J. A., Biermann, C. H., Eanes, W. F., and Kryvi, H. (2008), "Sperm polymorphism within the sea urchin Strongylocentrotus droebachiensis: divergence between Pacific and Atlantic oceans," *The Biological Bulletin*, 215 (2), 115-125.

[285] Heath, E., Schaeffer, N., Meritt, D., and Jeyendran, R. (1987), "Rouleaux formation by spermatozoa in the naked-tail armadillo, Cabassous unicinctus," *Reproduction*, 79 (1), 153-158.

[286] Higginson, D. M., and Pitnick, S. (2011), "Evolution of intra-ejaculate sperm interactions: do sperm cooperate?," *Biological Reviews*, 86 (1), 249-270.

[287] Fischer, E. A. (1980), "The relationship between mating system and simultaneous hermaphroditism in the coral reef fish, Hypoplectrus nigricans (Serranidae)," *Animal Behaviour*, 28 (2), 620-633.

[288] Leonard, J. L., and Lukowiak, K. (1984), "Male-female conflict in a simultaneous hermaphrodite resolved by sperm trading," *The American Naturalist*, 124 (2), 282-286.

[289] Sapolsky, R. M. (2005), "The influence of social hierarchy on primate health," *Science*, 308 (5722), 648-652.

[290] Qvarnström, A., and Forsgren, E. (1998), "Should females prefer dominant males?," *Trends in Ecology & Evolution*, 13 (12), 498-501.

[291] Hollis, B., and Kawecki, T. J. (2014), "Male cognitive performance declines in the absence of sexual selection," *Proceedings of the Royal Society B: Biological Sciences*, 281 (1781), 20132873.

[292] Baur, J., Nsanzimana, J. d. A., and Berger, D. (2019), "Sexual selection and the evolution of male and female cognition: a test using experimental evolution in seed beetles," *Evolution*, 73 (12), 2390-2400.

[293] García-Peña, G., Sol, D., Iwaniuk, A., and Székely, T. (2013), "Sexual selection on brain size in shorebirds (C haradriiformes)," *Journal of evolutionary biology*, 26 (4), 878-888.

[294] Kotrschal, A., Corral-Lopez, A., Zajitschek, S., Immler, S., Maklakov, A. A., and Kolm, N. (2015), "Positive genetic correlation between brain size and sexual traits in male guppies artificially selected for brain size," *Journal of evolutionary biology*, 28 (4), 841-850.

[295] Byrne, R. W., and Corp, N. (2004), "Neocortex size predicts deception rate in primates," *Proceedings of the Royal Society of London. Series B: Biological Sciences*, 271 (1549), 1693-1699.

[296] Deaner, R. O., Isler, K., Burkart, J., and Van Schaik, C. (2007), "Overall brain size, and not encephalization quotient, best predicts cognitive ability across non-human primates," *Brain, behavior and evolution*, 70 (2), 115-124.

[297] Chen, J., Zou, Y., Sun, Y.-H., and Ten Cate, C. (2019), "Problem-solving males become more attractive to female budgerigars," *Science*, 363 (6423), 166- 167.

[298] Corral-López, A., Bloch, N. I., Kotrschal, A., van der Bijl, W., Buechel, S. D., Mank, J. E., and Kolm, N. (2017), "Female brain size affects the assessment of male attractiveness during mate choice," *Science advances*, 3 (3), e1601990.

[299] Lack, D. L. (1968), "Ecological adaptations for breeding in birds."

[300] Bray, O. E., Kennelly, J. J., and Guarino, J. L. (1975), "Fertility of eggs produced on territories of vasectomized red-winged blackbirds," *The Wilson Bulletin*, 187-195.

[301] Birkhead, T., Burke, T., Zann, R., Hunter, F., and Krupa, A. (1990), "Extra- pair paternity and intraspecific brood parasitism in wild zebra finches Taeniopygia guttata, revealed by DNA fingerprinting," *Behavioral Ecology and Sociobiology*, 27 (5), 315-324.

[302] Griffith, S. C., Owens, I. P., and Thuman, K. A. (2002), "Extra pair paternity in birds: a review of interspecific variation and adaptive function," *Molecular ecology*, 11 (11), 2195-2212.

[303] Forstmeier, W., Nakagawa, S., Griffith, S. C., and Kempenaers, B. (2014), "Female extra-pair mating: adaptation or genetic constraint?," *Trends in Ecology & Evolution*, 29 (8), 456-464.

[304] Bateman, A. J. (1948), "Intra-sexual selection in Drosophila," *Heredity*, 2 (3), 349-368.

[305] Chapman, T., Liddle, L. F., Kalb, J. M., Wolfner, M. F., and Partridge, L. (1995), "Cost of mating in Drosophila melanogaster females is mediated by male accessory gland products," *Nature*, 373 (6511), 241-244.

[306] Wigby, S., and Chapman, T. (2005), "Sex peptide causes mating costs in female Drosophila melanogaster," *Current Biology*, 15 (4), 316-321.

[307] Zimmer, C., and Emlen, D. (2013), "Evolution: Making Sense of Life. Roberts and Company Publishers," *Inc. Greenwood Village*, CO.

[308] Simmons, L. W. (2005), "The evolution of polyandry: sperm competition, sperm selection, and offspring viability," *Annual Review of Ecology, Evolution, and Systematics*, 36.

[309] East, M. L., and Hofer, H. (2010), "Social environments, social tactics and their fitness consequences in complex mammalian societies," *Social behaviour*, 360-390.

[310] Hatchwell, B. J., and Komdeur, J. (2000), "Ecological constraints, life history traits and the evolution of cooperative breeding," *Animal Behaviour*, 59 (6), 1079-1086.

[311] Hamilton, W. D. (1963), "The evolution of altruistic behavior," *The American Naturalist*, 97 (896), 354-356.

[312] Schacht, R., and Kramer, K. L. (2019), "Are we monogamous? A review of the evolution of pair-bonding in humans and its contemporary variation cross- culturally," *Frontiers in Ecology and Evolution*, 230.

[313] Dixson, A., and Altmann, J. (2000), "Primate sexuality: comparative studies of the prosimians, monkeys, apes, and human beings," *Nature*, 403 (6769), 481- 481.

[314] Ford, C. S., and Beach, F. A. (1951), "Patterns of sexual behavior."

[315] Simmons, L. W., Firman, R. C., Rhodes, G., and Peters, M. (2004), "Human sperm competition: testis size, sperm produc-

tion and rates of extrapair copulations," *Animal Behaviour*, 68 (2), 297-302.

[316] Engels, F. (2010), *The origin of the family, private property and the state*: Penguin UK.

[317] Morgan, L. H. (2019), *Ancient society: Or, researches in the lines of human progress from savagery, through barbarism to civilization*: Good Press.

[318] Kristof, N. D., and WuDunn, S. (2010), *Half the sky: Turning oppression into opportunity for women worldwide*: Vintage.

[319] Correll, S. J., Benard, S., and Paik, I. (2007), "Getting a job: Is there a motherhood penalty?," *American Journal of Sociology*, 112 (5), 1297-1338.

[320] Lundberg, S., and Rose, E. (2000), "Parenthood and the earnings of married men and women," *Labour Economics*, 7 (6), 689-710.

[321] Ward, K., and Wolf-Wendel, L. (2004), "Academic motherhood: Managing complex roles in research universities," *The Review of Higher Education*, 27 (2), 233-257.

[322] Mainwaring, M. C., and Griffith, S. C. (2013), "Looking after your partner: sentinel behaviour in a socially monogamous bird," *PeerJ*, 1, e83.

[323] Schrempf, A., Heinze, J., and Cremer, S. (2005), "Sexual cooperation: mating increases longevity in ant queens," *Current Biology*, 15 (3), 267-270.

[324] Firth, J. A., Voelkl, B., Farine, D. R., and Sheldon, B. C. (2015), "Experimental evidence that social relationships determine individual foraging behavior," *Current Biology*, 25 (23), 3138-3143.

[325] Liepman, H. P. (1981), "The six editions of the 'origin of species' A comparative study," *Acta Biotheoretica*, 30 (3), 199-214.

[326] Spencer, H. (1896), *The principles of biology* (Vol. 1): D. Appleton.

[327] Huxley, T. H. (1899), *Evolution and ethics*: D. Appleton.

[328] Darwin, C. (1859), *The origin of species*: PF Collier & son New York.

[329] Turner, J. H., Beeghley, L., and Powers, C. H. (2002), "The sociology of Herbert Spencer," *The emergence of sociological theory, 5th ed, ed. JH Turner, L. Beeghley, and CH Powers*, 54-89.

[330] Spencer, H. (1892), *The principles of ethics* (Vol. 1): D. Appleton and company.

[331] Paul, D. B. (2003), "Darwin, social Darwinism and eugenics."

[332] Weikart, R. (2004), *From Darwin to Hitler*.

圖片版權說明（按圖片出現頁碼）

圖片頁碼：2、13、17
來自網站 Artvee，https://artvee.com/books/natural-history-of-the-birds-of-central-europe/
Public Domain Mark 1.0

圖片頁碼：3、4、5、6、7、8、9、11、12、14、18、19
來自 Wikimedia Commons

圖片頁碼：10、15、16
來自圖片網站 Flickr，https://www.flickr.com/photos/biodivlibrary/
Public Domain Mark 1.0

LEARN系列 072

牠們的情愛：動物的求偶心計與生殖攻防

Love and Sex in the Animal Kingdom

作者—王大可
副總編輯—邱憶伶
封面設計—FE設計葉馥儀
內頁設計—林樂娟

董事長—趙政岷
出版者—時報文化出版企業股份有限公司
一〇八〇一九臺北市和平西路三段二四〇號三樓
發行專線—（〇二）二三〇六六八四二
讀者服務專線—〇八〇〇二三一七〇五・（〇二）二三〇四七一〇三
讀者服務傳真—（〇二）二三〇四六八五八
郵撥—一九三四四七二四 時報文化出版公司
信箱—一〇八九九臺北華江橋郵局第九九信箱

時報悅讀網—http://www.readingtimes.com.tw
電子郵件信箱—newstudy@readingtimes.com.tw
時報出版愛讀者粉絲團—http://www.facebook.com/readingtimes.2
法律顧問—理律法律事務所 陳長文律師、李念祖律師
印刷—綋億印刷有限公司
初版一刷—二〇二三年十月六日
定價—新臺幣四八〇元
（若有缺頁或破損，請寄回更換）

時報文化出版公司成立於一九七五年，並於一九九九年股票上櫃公開發行，
於二〇〇八年脫離中時集團非屬旺中，以「尊重智慧與創意的文化事業」為信念。

中文繁體版透過成都天鳶文化傳播有限公司代理，由新經典文化股份有限公司授予時報文化出版企業股份有限公司獨家出版發行，非經書面同意，不得以任何形式複製轉載。

牠們的情愛：動物的求偶心計與生殖攻防－Love and sex in the animal kingdom／王大可著. --初版. --臺北市：時報文化出版企業股份有限公司，2023.10
面； 公分. --（Learn系列；72）
ISBN 978-626-374-349-6（平裝）
1.CST：動物行為 2.CST：有性繁殖 3.CST：生殖
383.16 112015225

ISBN978-626-374-349-6
Printed in Taiwan

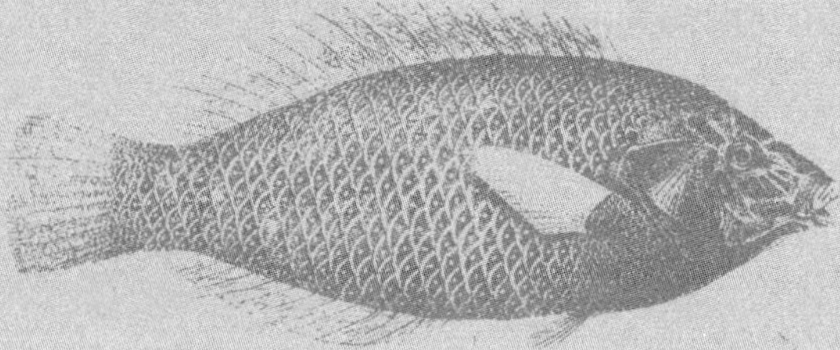

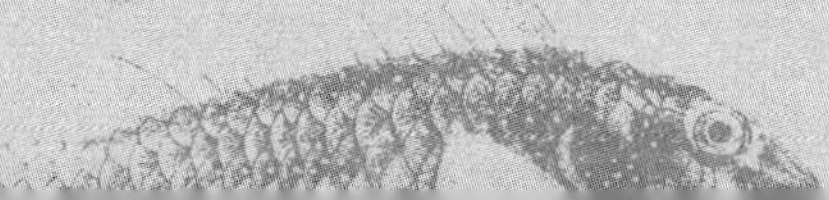

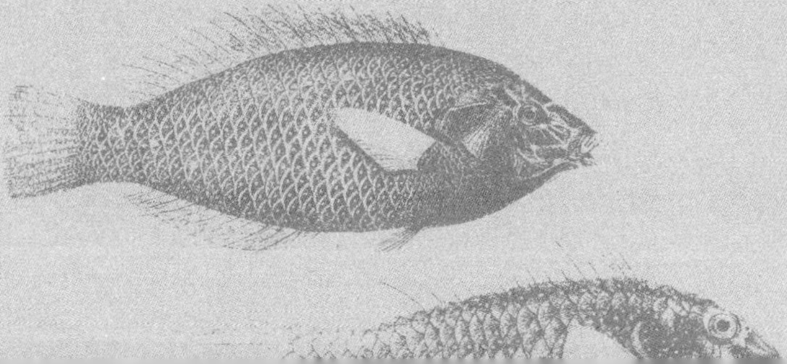

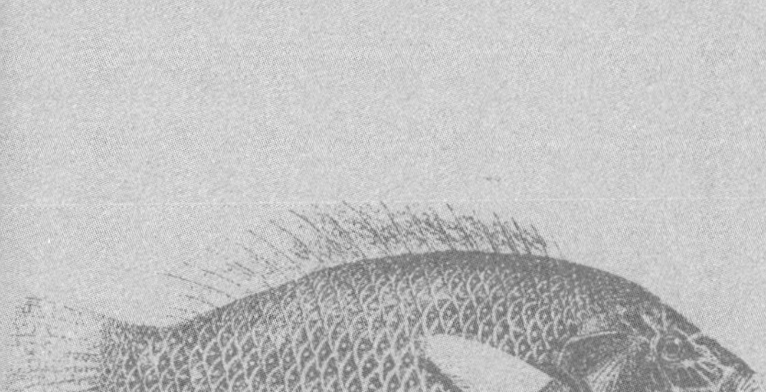